뉴요커도 반길 최고의 맛집

뉴욕의
맛

뉴요커도 반길 최고의 맛집

뉴욕의
맛

뤽 후너트 지음 | 크리스 블레겔스 사진 | 신예희 옮김

이덴슬리벨

뉴욕을 찾은 미식 전문가의 맛있는 수다!

없는 것 빼곤 다 있는 도시. 바로 뉴욕이다. 미국 음식 하면 으레 가장 먼저 떠오르는 두툼한 스테이크와 텍사스식 바비큐에서 열댓 가지 톡 쏘는 향신료에 절인 매콤한 자메이칸 저크 치킨과 싱싱한 양의 뇌를 듬뿍 넣은 정통 북인도식 커리, 그리고 영어라고는 한 글자도 쓰여 있지 않은 차이나타운 한구석 작은 노점의 돼지 껍데기 튀김에서 최고급 레스토랑의 20가지 코스로 구성된 테이스팅 메뉴까지. 상상할 수 있는 모든 지역의, 모든 형태의 음식을 이곳에선 만날 수 있다. 역시 이민자들의 나라 미국, 다문화의 도시 뉴욕답다.

선택의 여지가 방대하다는 건 무척 기쁘고 반가운 일이지만, 동시에 덜컥 겁이 나기도 한다. 대체 여기서 뭘 골라 먹어야 잘했다고 할까?

《맛있다 뉴욕!》의 저자 뤽 후너트는 세계 곳곳의 희귀한 고품질 식재료를 찾아 수많은 셰프에게 공급하는 일을 28년 넘게 전문적으로 해 왔다. 가보지 않은 나라가 없고 맛보지 않은 음식이 없다. 잔뼈만 굵은 것이 아니라 풍채도 무척 좋은 인물이다. 왠지 믿음이 간다. 이런 사람이 맛있다고 하면 정말 맛있는 걸 거야, 어느새 입에 침이 고인다.

저자는 음식과 더불어 그 안에 담긴 여러 민족의 이민사와 문화도 함께 소개한다. 아는 만큼 보인다는 말처럼, 알고 먹으면 더욱 깊은 맛을 느낄 수 있다.

세상에는 두 부류의 사람이 있다. 여행하는 김에 겸사겸사 맛있는 음식도 먹는 사람, 그리고 맛있는 걸 먹기 위해 여행을 떠나는 사람. 나는 단연 후자다. TV를 보다, 인터넷 검색을 하다, 책을 읽다 어떤 메뉴가 마음에 쏙 들어오면 기어이 그걸 먹겠다며 여행가방을 꾸린다. 여행지의 음식 이름으로 가득한 기다란 목록을 만들어선 하나씩 지워 가며 척척 먹어 나간다. 어때요, 뤽 후너트 씨. 나 정도면 함께 'Must Eat' 하러 다닐 맛 나지 않겠어요?

이 책을 통해 번역이라는 전문 분야에 첫발을 내디딘다. 저자로서 나의 글을 쓰는 것과는 또 다른, 설레고도 긴장되는 일이다. 저자의 유쾌하고 맛깔난 표현과 음식에 대한 깊이 있는 통찰 덕분에 작가로서의 나의 미식여행 기록만큼이나 번역 작업이 무척 즐거웠다. 조언과 격려를 해 주신 출판사 관계자분에게도 깊은 감사를 드린다.

번역하는 틈틈이 컴퓨터 모니터 한편에 인터넷 검색창을 띄우고선 책에서 다룬 모든 레스토랑과 노점을 검색하며 온갖 메뉴와 그 주변 볼거리들을 열심히 검색했다. 뉴욕행 왕복 항공권 가격까지도. 이건 뭐, 책 번역을 한 것인지 뉴욕 먹거리 여행 계획을 세운 것인지…. 여행지에서 추천 레스토랑을 방문하기 전에는 위치와 메뉴를 다시 한번 홈페이지와 전화통화로 확인하는 게 좋다. 가끔 위치를 다른 골목으로 이사하는 경우도 있기 때문이다.

독자 여러분, 즐겁고 맛있는 뉴욕 여행 되시길!

신예희

"뉴욕 방문 목적이 어떻게 되죠?" 뉴욕 JKF 공항에 착륙해 곧장 입국 심사대로 향하니 세관 직원이 이렇게 물었다. 나는 우물우물 얼버무리듯 대답했다. "어, 그게요, 점심이랑 저녁을 먹으러 왔는데….."

그리고 약 3분 후, 두 명의 세관 직원이 아주 심각한 표정으로 내 짐 가방들을 샅샅이 뒤지기 시작했다. 하마터면 전신 수색(심할 경우 항문 속까지도 검사한다!)을 당할 뻔했다. 에잇, 하지만 난 거짓말을 한 게 아니라고요!

내가 뉴욕에 온 것은 수많은 명소를 구경하고 싶어서도, 근사한 박물관이며 브로드웨이 뮤지컬 공연을 관람하기 위해서도 아니다. 오로지 맛있는 음식, 딱 그것 때문에 이곳에 온 것이다. 미식의 즐거움에 푹 빠지기 위해 뉴욕에 왕림하셨단 말이다!

사실 나는 꽤 오랫동안 미식의 정조대(라는 것이 있다면)를 차고 순결을 지켜 왔다. 유럽, 일명 구대륙 사람 특유의 보수적인 면 때문인지 아니면 다른 무엇 때문인지는 모르겠지만 하여간 좀 그랬다. 잘 모르는 음식은 왠지 두렵게 느껴졌는데, 이건 나만 그런 것이 아니라 유럽 사람들이 대체로 비슷한 경향이 있다. 하지만 30여 년 전 처음 뉴욕을 방문해 온갖 다양한 음식을 경험하면서 그동안 나를 무겁게 짓눌러 온 전통적인 음식에 관한 사고에서 자유로워질 수 있었다. 소위 제대로 갖춰진 풀코스만 진짜 음식이라고 믿는 전통 말이다. 이제는 유럽이든 미 대륙이든 가리지 않고 맛있는 음식이라면 다 찾아내 골고루 즐기고 있다. 깊이 있고 정교한, 짜임새 있는 스타일을 중요하게 생각하는 구대륙의 식문화와 참신하고 유쾌한, 미래 지향적인 신대륙 식문화의 만남이 좋다. 첫 뉴욕 방문 이후 이러한 즐거운 만남은 30년 넘게 계속되고 있다.

내 직업은 좋은 와인과 고급 식자재(특히 일본의 식재료 전문이다)를 벨기에로 수입하는 일이다. 덕분에 전 세계를 돌아다닐 수 있으니 운이 좋다. 어느 나라, 어느 지역에 가든 그곳만의 맛있는 음식을 조금이라도 더 먹어 보고 그 깊이를 느끼기 위해 수고를 아끼지 않는다. 수박 겉핥기일지라도 말이다. 그렇게 오랜 시간 동안 돌아다니면서, 역시 뉴욕만 한 미식의 천국은 없다는 결론을 내렸다. 이 도시는 미식의 신이 축복을 내린 땅이다!

이 책은 완벽한 레스토랑 가이드북이 절대 아니다. 사실 뉴욕의 레스토랑들을 완벽하게 안내하겠다는 아이디어 자체가 말 같지 않은 소리다. 상상도 할 수 없을 정도로 끝없는, 그리고 괴상하기 짝이 없는, 마치 보르헤스의 백과사전과도 같은 것, 그것이 바로 뉴욕의 미식계다.

이 책에는 그저 내 취향에 맞는 음식들을 엄선해 담았다. 언제나 나를 감동시키고, 포근하게 감싸 주며, 마치 집에서 쉬는 것처럼 편안하게 만들어 주는 음식들이다.

여러분 모두 이 책을 통해 맛있는 행복을 누리길 소망한다.

럭 후너트, 크리스 블레겔스

CONTENTS

UPTOWN WEST
Bronx
Manhattan
UPTOWN EAST
MIDTOWN WEST
MIDTOWN EAST
Queens
DOWNTOWN WEST
DOWNTOWN EAST
Brooklyn
Staten
Island

주소: East River State Park, Williamsburg(Kent Ave.와 N. 7th St.)
Brooklyn Bridge Park Pier 5, Williamsburg
영업시간: 토, 일요일 11:00a.m. ‒ 6:00p.m.
홈페이지: http://www.smorgasburg.com

미국에서 가장 큰
푸드 마켓

푸드 마켓

호되게 추운 겨울이 지나고 봄의 전령사인 벚꽃이 뉴욕 거리 곳곳에서 갑작스레 봉우리를 피울 때면 눈물이 날 정도로 기뻐진다. 드디어 스모가스버그 시즌이 돌아온 것이다.

스모가스버그는 브루클린 플리Brooklyn Flea라는 회사가 운영하는 푸드 마켓인데, 이 회사는 미국 동부 해안의 벼룩시장들을 전문적으로 조직, 관리한다. 윌리엄스버그 지역에 음식 노점이 점점 많아지자 브루클린 플리는 새로운 사업을 론칭하기에 이곳이 딱이라고 점찍었고, 곧 미국에서 가장 큰 규모의 푸드 마켓인 스모가스버그(Smorgasburg, 뷔페를 뜻하는 스웨덴어 스뫼르고스보르드smörgåsbord와 윌리엄스버그Williamsburg의 합성어)가 매주 열리게 되었다.

스모가스버그는 음식을 사랑하는 사람들에겐 마치 우드스톡 Woodstock 음악 페스티벌과도 같은 곳이다. 이곳에선 백 개가 넘는 노점들이 온갖 음식을 팔고 있는데 꽤나 소박한 스타일의 음식을 내놓는 노점도 있고 스펙터클한 비주얼로 승부를 보는 곳도 있다. 뉴욕이 온갖 문화의 용광로라면 스모가스버그는 미식의 용광로인 셈이다. 그 유명한 모로코 마라케시의 제마엘프나 광장(Jamaa-el-Fnaa, 다양한 음식을 판매하는 야시장. 신비롭고 화려하며 정신없는 곳이다)의 뉴욕 버전이랄까. 끝내주게 멋있는 맨해튼의 스카이라인과 브루클린 다리 풍경을 보면 이곳이 이국적인 모로코의 시장이 아니라 브루클린이라는 사실을 깨닫게 되지만 말이다.

스모가스버그에 오면 나는 언제나 벨트를 풀고 위장의 한계에 도전한다. 먹고, 먹고, 또 먹는다. 여기선 그래도 된다. 진정한 식신이라면 이 음식들 앞에서 입을 닫고 있을 수는 없는 법!

브루클린 플리와 스모가스버그

브루클린 플리는 2008년 4월에 처음 시작된 벼룩시장이다. 브루클린 로컬 생산자들이 만든 가구, 미술품, 빈티지 의류, 골동품 등을 판매하는 소규모 행사로 시작되어 현재는 매주 주말마다 열리는 지역 최대의 이벤트로 자리 잡았다. 매년 4월 첫 번째 주말부터 11월 마지막 주말까지 개최된다(http://brooklynflea.com).

스모가스버그는 브루클린 플리에서 운영하는 음식 전용 마켓으로

2011년 5월에 처음 시작되었다. 여름 시즌의 경우 토요일에는 윌리엄스버그에서, 일요일에는 프로스펙트 파크Prospect Park에서 개최되고 겨울 시즌에는 실내 장소에서 개최된다. 스모가스버그는 뉴욕 요식 업계의 등용문 역할도 하는데, 이곳을 찾은 뉴욕 시민들과 여행자들에게 인정받고 인기를 얻은 아이템은 금세 뉴욕에서 자리를 잡는 경우가 대부분이기 때문이다. 스모가스버그에서 음식을 판매하기 위해선 사전 사업체 승인은 필수이며 맛과 콘셉트 모두 일정 수준 이상을 갖추었다고 평가받은 업체만 참여할 수 있다. 참가비용은 규모와 전기 시설 사용 여부 등에 따라 100~300달러 사이.

CHAMOYADA
(chah-moh-yada)

Tamarind candy

CHAMO (pickled plum juice

ngo y andari

jín ted ili der)

Fruit ice

people's pops

ICE POPS
$3.50

Apple Rosewater

APRICOT RASPBERRY

Strawberry Lemongrass

SHAVE ICE

LEMON BASIL $3.50

PLUM ORANGE BLOSSOM

Made with REAL, LOCAL FRUIT

MIGHTY QUINN'S

EXCELL'S KINGSTON EATERY
엑셀스 킹스턴 이터리

주소: 90 Kent Ave., NY 11211
전화번호: (917)244-1046
영업시간: 토, 일요일 11:00a.m. - 6:00p.m.
홈페이지: www.excelleatery.com

자메이카의
풍미를 담다

저크 치킨

낯설고 새로운 음식에 도전하고 싶을 땐 엑셀스 킹스턴 이터리가 딱이다. 출장 요리 전문 업체 엑셀스 킹스턴 이터리에선 자메이카 토박이 출신 주인장의 특선 요리를 만날 수 있다.

저크jerk는 카리브 해 지역, 특히 자메이카에서 흔히 쓰는 양념이다. 보통 닭고기나 돼지고기에 저크 양념을 사용하는데, 말린 피망과 스카치 보닛 고추, 육두구와 파, 마늘, 타임, 소금, 정향 등을 섞은 가루 양념을 고기에 문질러 간을 한다. 그다음 고기를 바싹 굽는데, 전통적으로는 화덕을 사용한다. 저크라는 단어는 스페인어 차르퀴(charqui, 소금에 절인 고기)에서 왔다고 전해진다. 참고로 육포를 뜻하는 저키jerky 역시 차르퀴에서 파생된 단어다. 저크 양념은 아프리카 원주민인 아칸족이 먹던 것으로, 아칸족은 현재의 가나 영토에 해당하는 지역에 거주했는데 주로 해안가에 모여 살다 보니 노예선을 몰고 온 사냥꾼들의 표적이 되는 일이 잦았다. 그렇게 수많은 아칸족이 불법으로 포획되어 자메이카를 비롯한 카리브 해 연안의 스페인 식민지 지배층에게 노예로 팔려 갔다. 그러다 1655년, 영국이 자메이카를 침공해 스페인 사람들을 몰아냈는데 그 혼란을 틈타 아칸족 노예들이 대거 자메이카의 산악지대로 도망쳐 그 지역 원주민 타이노인들 틈에 섞여 살기 시작했다. 두 민족의 만남으로 오늘날의 자메이카식 저크 양념이 탄생한 것이다.

미묘한 밸런스와 섬세한 맛을 자랑하는 저크 치킨의 양념에는 진정한 자메이카의 풍미가 담겨 있다. 먹음직스런 진한 색과 강렬한 양념의 조화가 아주 인상적이다. 여기에 페스티벌이라 부르는 튀긴 도넛을 곁들이면 딱이다. 밀가루와 옥수수 전분, 물, 이스트, 소금에다 바닐라를 살짝 더해 만든 반죽을 튀긴 것으로 베니예(beignets, 미국 서부에서 흔히 먹는 튀김 도넛)와도 상당히 비슷하다. 여기에 달지 않은 녹색 바나나인 플란테인 튀김과 아삭한 양상추까지 더하면 완벽한 자메이카식 한상차림 완성.

저크 양념에 들어가는 향신료

스카치 보닛 고추는 카리브 해 지역과 서아프리카에서 주로 재배하는 품종으로 도미니카, 트리니다드, 자메이카, 바베이도스, 코스타

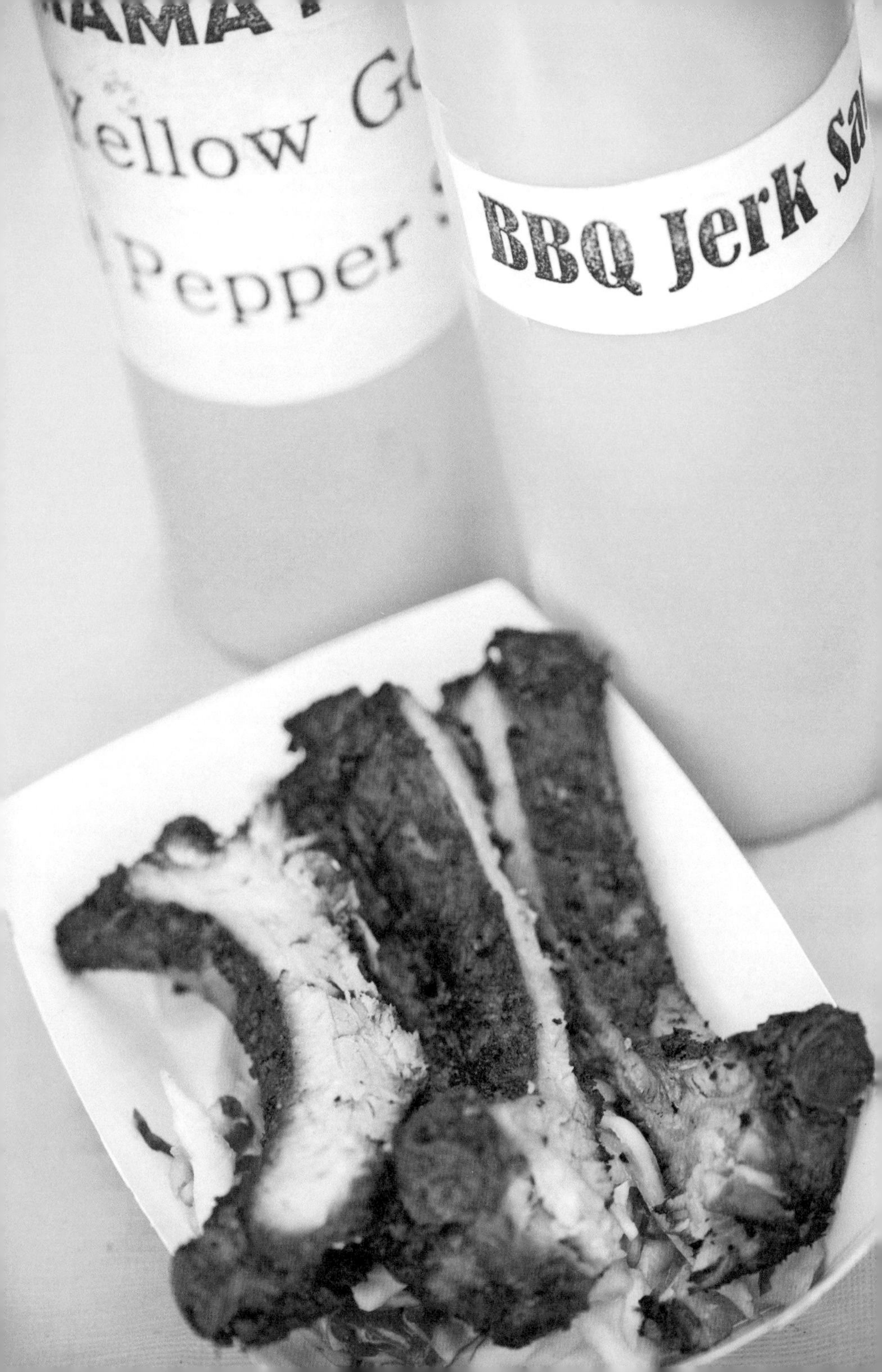

Yellow
Pepper
BBQ Jerk

리카 등 남미 요리에 두루 쓰이며 핫소스의 재료로도 애용된다. 크기는 4~5cm가량으로 자그맣고 뚱뚱한데, 파프리카를 축소해 놓은 것 같기도 하다. 스코빌 지수(SHU)는 평균 100,000 ‒ 400,000이다(청양고추는 평균 4,000~7,000 SHU).

육두구는 인도차이나 반도가 원산지인 향신료로 생선과 고기 요리에 두루 사용되고 때로는 디저트의 풍미를 좋게 하는 용도로도 쓰인다. 16~18세기에 유럽 열강들이 세계 곳곳에 식민지를 건설하던 시기엔 후추, 정향과 더불어 귀한 향신료로 대접받았다. 당시 사람들은 육두구가 자양강장제이자 페스트 예방약이라고 믿어, 상류층들은 육두구를 몸에 지니고 다닐 정도였다.

정향은 인도네시아가 원산지인 향신료로 꽃이 피기 직전에 수확한 정향나무의 봉오리를 말린 것이다. 달콤하면서도 매콤하고 얼얼한, 치과 냄새 같은 독특한 향을 풍긴다. 다양한 채소 피클을 만드는 데 필수인 향신료다. 한자 이름인 丁香(정향)은 생김새가 못을 닮았다는 데서 유래한 것인데, 영어 이름인 clove 역시 못을 뜻하는 프랑스어 clou에서 유래했으니 동서양을 막론하고 생각하는 건 비슷한 모양이다. 고대 중국 관리들은 황제를 알현하기 전 입 냄새를 감추기 위해 정향을 입 안에 머금었다고 한다. 실제로 정향은 구취 제거 및 치통 완화에 효과가 있어 예로부터 동서양을 막론하고 약으로 널리 쓰였다.

3

BOLIVIAN LLAMA PARTY

볼리비안 라마 파티

주소: Turnstyle Underground Market(57th st.와 8th Ave. 코너 지하, 콜럼버스 서클 역), NY 11211
전화번호: (347)395-5481
영업시간: 월~화요일 10:00a.m. - 9:00p.m. / 수~금요일 10:00a.m. - 10:00p.m. / 토요일 10:30a.m. - 9:00p.m. / 일요일 10:30p.m. - 8:00p.m.
홈페이지: www.blp.nyc

볼리비아 음식을
전하다

쇠고기 양지머리 촐라

볼리비안 라마 파티 레스토랑은 민족적 자부심이 무척 높은 두 명의 볼리비아 출신 남성이 함께 이끌어가는 곳이다. 둘은 이 맛있는 볼리비아 음식을 많은 사람들이 좀 더 쉽게 접할 수 있으면 좋겠다는 마음을 담아 브루클린에 테이크아웃 전문 레스토랑을 오픈했다.

지금까지 볼리비아 음식은 자국 밖에서 마케팅을 제대로 해 오지는 못했다. 나만 해도 딱히 아는 볼리비아 레스토랑이 단 한 곳도 없기 때문이다. 하지만 제대로 만든 볼리비아 음식은 황홀할 정도로 맛있다. 이 음식의 뿌리는 아이마라Aymara 문명 시대까지 쭉 거슬러 올라간다. 아이마라는 안데스Andes와 알티플라노(Altiplano, 남아메리카 중서부 고원지대) 지역에 살았던 민족으로 15세기경 잉카인에게 정복당했고 그 이후엔 스페인의 지배를 당했다. 미국과 스페인의 전쟁(1810-1825) 이후 아이마라족의 땅은 볼리비아와 페루로 갈라졌다. 볼리비아의 식문화는 긴 식민지배 역사를 거치며 스페인 식문화의 영향을 깊게 받았는데 그중에서 세계적으로 널리 알려진 것은 살테냐(salteña, 밀가루 반죽에 쇠고기, 닭고기 등을 넣어 반달 모양으로 접어 구운 것) 한 가지 정도다. 그나마도 엠파나다empanada라는 이름의 아르헨티나 혹은 페루의 전통 음식으로 더 잘 알려졌다. 지금까지는. 이제 볼리비안 라마 파티 레스토랑의 쇠고기 양지머리 촐라chola가 굳게 닫혀 있던 빗장을 열 것이다.

열 가지 재료를 넣어 만드는 양지머리 촐라는 그 화려하고도 조화로운 풍미가 일품이다. 펜넬 씨앗과 구워서 말린 마늘 등의 다양한 양념으로 잘 문질러 밑간을 한 쇠고기 양지머리 덩어리를 낮은 온도에서 서서히 익혀 준비한다. 그 위에 가게에서 직접 만든 치즈를 얹고 후아카타이 아이올리(huacatay aioli, 타라곤, 메리골드 등의 허브와 달걀노른자, 마늘, 올리브 오일로 만든 소스), 살사 크리올라(salsa criolla, 얇게 썬 양파, 코리앤더, 비트, 토마토 등을 섞은 남아메리카식 살사), 아히 판카(ají panca, 페루 등지에서 주로 나는 고추로 매운맛이 약하다)를 올린다. 여기에 가게에서 직접 담근 당근 피클과 히비스커스 꽃으로 색을 낸 붉은 양파, 치차(chicha, 옥수수로 만든 발효음료)에 담가 맛을 낸 매콤한 칠리 등을 더하면 완성이다. 한입만 먹어도 대체 뉴욕의 탑 레스토랑 목록에 어째서 볼리비아 레스토랑은 한 곳도 없는 걸까 의아해진다. 단지 샌드위치일 뿐인데 이런 맛을 내다니, 진심으로 놀랍다.

BolivianLLama Party
BOLIVIAN SODAS
BOLIVIAN FOOD
SALTEÑAS
ROBINSON
42

4

PARANTHA ALLEY

파란타 앨리

주소: East River State Park(Kent Ave와 N. 7 St.), Williamsburg
Brooklyn Bridge Park Pier 5, Williamsburg
영업시간: 토, 일요일 11.00a.m. – 18.00p.m.

인도의 음식과
역사를 만나는 곳

키마 파라타

키마 파라타qeema paratha는 다진 양고기, 닭고기 등을 양념해 볶아 파라타 반죽에 넣어 구운 음식을 뜻한다. 기원전 1500년에서 1000년 사이에 쓰인 베다Vedas 경전에도 파라타가 언급되었다. 우파니샤드 Upanishads란 힌두교를 비롯한 인도 철학 전반의 기초를 이루는 문헌을 뜻하는데, 우파니샤드의 기본 형태를 이루는 무척 오래된 경전을 베다라고 한다.

파라타(또는 파란타parantha)는 그 당시에도 이미 인도인들의 식사에서 중요한 부분을 차지하고 있었다. 파라타는 쌀을 갈아 만든 빵 푸로다샤purodashas에서 유래한다고 알려져 있다. 푸로다샤는 불의 신에게 제사를 지낼 때 빠지지 않는데, 렌틸콩 가루와 곱게 다진 채소를 채워 넣어 만든다.

현재 인도를 비롯한 아시아의 여러 지역에서는 아침 식사 때면 으레 팬케이크와 비슷하게 생긴 납작한 둥근 빵인 파라타를 주식으로 먹는다. 파라타라는 이름은 파랏parat과 아타atta의 합성어로 알려져 있는데, 두 단어 모두 밀가루 반죽을 뜻하기 때문에 자연스레 하나로 합쳐졌다고 한다. 파라타의 재료는 무척 단순하다. 밀가루, 물, 기 버터(ghee, 버터를 가열해 수분을 최대한 날린 것으로 인도 요리에 두루 쓰인다)가 전부다. 갓 만든 반죽을 손가락 끝으로 쭉쭉 밀어 편 다음 기 버터를 두른 뜨거운 번철에 올려 재빨리 구워 낸다. 파라타는 특히 북인도에서 엄청나게 인기 있는 음식이다.

파란타 앨리Parantha Alley, 즉 파란타 골목은 이 독특한 음식 노점의 이름이자, 옛날부터 파라타 굽는 가게가 잔뜩 모여 있던 것으로 유명한 인도 델리 근교 구시가지 찬드니 초우크Chandni Chowk의 자그마한 거리 이름이기도 하다. 인도에선 이곳을 갈리 파란테 왈리gali paranthe wali라고 부르는데, 직역하면 '빵을 굽는 사람들의 골목'쯤 되겠다. 타지마할을 세운 샤 자한 황제 시절에 형성된 골목으로 지금도 몇몇 파라타 장수들이 그 명맥을 유지해 나가고 있다.

스모가스버그 푸드 마켓을 쭉 구경하다 이 근사한 음식 노점 앞에 멈춰 선다. 파라타를 굽는 모습은 언제 봐도 경이롭다. 갓 만든 반죽을 공처럼 둥글게 뭉쳤다가 손가락 끝으로 쭉쭉 밀어 펴서 기 버터를 듬뿍 둘러 노릇하게 굽는 모습을 보면 파란타 앨리야말로 단돈 몇 달

러에 최고로 맛있는 음식을 먹을 수 있는 거의 유일한 장소라는 생각
이 든다. 음식 안에 담긴 길고도 깊은 역사까지도 고스란히 말이다.
파라타에 넣을 속 재료는 직접 고를 수 있고 이곳에서 직접 만든 사
이드 디시 몇 가지와 파라타를 찍어 먹을 소스들도 함께 고를 수 있
다. 나라면 우선 코리앤더 처트니와 구운 고추, 살짝 절인 망고 피클,
그리고 마살라로 맛을 낸 양파를 선택하겠다. 거기에 산뜻한 오이 라
이타(raita, 커민, 겨자씨, 마늘, 생강 등으로 양념한 요거트에 오이나 양파 등의 채
소를 넣은 소스)까지 곁들이면 완벽하다.

다양한 인도의 빵

파라타는 채소와 치즈 등으로 속을 채운 빵이다. 주로 둥글납작한
빈대떡 모양으로 만든다. 속 재료는 보통 감자나 콜리플라워, 파니르
(paneer, 남아시아에서 주로 먹는 생 치즈) 등이지만 그 외에도 양파, 달걀,
양배추, 병아리콩, 당근, 마늘, 옥수수, 완두콩, 파파야, 새우, 시금치
등 매우 다양하다. 한마디로 하기 나름.

로티roti는 통밀가루를 반죽해 발효시키지 않고 바로 만드는 빵으
로, 빵이라기보다는 부침개에 가깝다. 반죽을 얇게 펴 달군 번철에서
재빨리 굽는다. 모양은 둥글고 얇다. 인도와 네팔의 주식이며 스리랑
카, 인도네시아, 말레이시아 등에서도 두루 먹는다.

난naan은 빵을 뜻하는 이란어로 인도와 파키스탄, 우즈베키스탄,
이란, 중국 신장 웨이우얼 자치구 등의 주식이지만 지역에 따라 만드

는 방법과 모양에 차이가 있다. 인도의 난은 탄두리 난tandoori naan이라고 한다. 발효시킨 반죽을 탄두르tandoor라는 화덕 안쪽 벽에 찰싹 붙여 굽기 때문에 붙은 이름이다.

도사dosa는 쌀가루와 렌틸콩 가루를 4:1의 비율로 섞은 묽은 반죽으로 만드는 얇은 크레이프 형태의 빵이다. 다양한 소스를 곁들이는데, 주로 남인도와 스리랑카, 네팔에서 많이 먹는다.

5

GRIMALDI'S

그리말디스

주소: 1 Front St., Brooklyn, NY 11201
전화번호: (718)858-4300
영업시간: 월~목요일 11:30a.m. - 10:45 p.m / 금요일 11:30a.m. - 11:45p.m /토
요일 정오 - 11:45p.m / 일요일 정오 - 10:45p.m.

마르게리타
피자가 일품

마르게리타 피자

　브루클린 다리 아래, 멋들어지게 생긴 건물 앞에는 언제나 수많은 사람이 줄을 선 채 진을 치고 있다. 뉴욕 최고 인기 피자집인 그리말디스 레스토랑에 들어가려고 대기 중인 피자 광팬들이다. 그리말디스는 테이블 예약도 불가능하고 신용카드도 받지 않는다.

　파인애플, 그것도 통조림에 든 걸 꺼내 피자 도우 위에 올려 오븐에 넣고 굽던 그 시절을 빼고 이탈리아 음식의 흑역사를 논할 수 있을까? 물론 하와이안 피자는 여전히 이탈리아에서 가장 인기 있는 피자 중 하나이긴 하다. 관광객들 덕분이다. 피자는 지중해 연안 지역에서 유래된 음식이라고 알려졌지만 당시에는 음식이 아니라 접시 개념으로 사용된 모양이다. 무슨 말이냐면 평평하고 납작한 형태로 구운 다음 다양한 음식들을 그 위에 잔뜩 올려놓고 먹었다는 소리다. 대식가들이나 그 '접시'까지 걸신들린 듯 먹어 치웠지, 보통 사람들은 손도 대지 않았다고. 일설에 의하면 트로이의 영웅 아에니아스Aeneas도 그 대식가 중 한 명이었다는데, 전쟁터에서 쫄쫄 굶다 돌아와선 빵으로 만든 접시까지 홀라당 먹어 치운 후 그 자리에 라비니움Lavinium이라는 도시를 건설했다고 한다.

북유럽의 바이킹들 역시 피자와 비슷한 음식을 먹었는데, 둥그런 빵 위에 온갖 재료를 얹어 오븐(지금의 피자 오븐과 비슷한 형태)에 넣고 구운 것이다. 그에 비하면 상대적으로 나폴리 피자의 역사는 짧다. 고작 17세기경에 처음으로 먹기 시작했으니 말이다. 당시엔 피자 도우에 토마토 소스를 바르지 않았는데, 그때만 해도 사람들은 토마토에 독성이 있다고 믿어서였다. 토마토는 1500년경 남미에서 유럽으로 전파되었다. 토마토를 뜻하는 이탈리아어 뽀모도로pomo d'oro의 뜻이 '황금 사과'인 것은 당시의 토마토는 대부분 샛노란 색을 띠는 품종이었기 때문이다. 오늘날 우리가 익히 알고 있는 빨간 토마토는 18세기의 이종 교배 농업 덕분에 탄생했다. 오늘날 이탈리아에서 가장 인기 있는 피자는 마스투니콜라Mastunicola 피자로, 라드와 페코리노 치즈, 흑후추와 바질을 올린 것이다.

역시 많은 사람이 좋아하는 마르게리타Margherita 피자는 나폴리에서 제일 잘 나가던 피자 요리사인 라파엘 에스포시토Raffaele Esposito가 개발했다. 그는 꽤나 보수적인 애국자였다고 하는데, 당시 왕인 움

베르토 1세와 마르게리타 왕비에게 피자를 진상할 영광을 얻게 되자 고민 끝에 이탈리아 국기를 본뜬 피자를 자랑스럽게 선보였다. 붉은색 토마토 소스와 흰색 모차렐라 치즈, 그리고 초록색 바질 잎으로 말이다. 마르게리타 피자는 그렇게 탄생했다.

다시 그리말디스 레스토랑 이야기로 돌아가자. 창업자인 팻시 그리말디는 뉴욕 할렘의 이탈리아 이민자 구역 출신으로 어린 시절부터 피자 만드는 기술을 배웠고 고작 열 살의 나이인 1941년부터 맨해튼에 피자 레스토랑을 오픈하겠다는 꿈을 키웠다. 하지만 문제가 하나 있었다. 팻시가 원하는 만큼 얇고 바삭한 피자를 구우려면 화씨 750도(섭씨 약 399도)까지 올라가는 오븐이 꼭 필요한데 그건 숯이나 석탄을 때야만 얻을 수 있는 고온이었다. 하지만 당시 맨해튼에선 레스토랑에 그런 형태의 오븐을 설치하는 걸 금지했기 때문에 가엾은 팻시의 꿈은 산산조각나기 직전이었다. 다행히 피자의 신이 도우셨는지 브루클린 지역에서 오븐 설치 허가를 받아 레스토랑을 열었고 지금도 처음 그 자리에서 쭉 피자를 굽고 있다. 무려 25톤이나 나가는 거대한 오븐으로, 처음 계획했던 화씨 750도까지는 미치지 않는 약 650도(섭씨 약 343도)의 온도로 열심히 돌아가고 있는데 사실 750도든 650도든 둘 다 겁나게 뜨거운 건 마찬가지다. 갓 만든 피자 도우, 매일 배달되는 엄청 신선한 모차렐라 치즈, 그리고 단맛이 강하고 수분이 적은 길쭉한 모양의 잘 익은 산 마르자노San Marzano 토마토가 오븐과 함께 각자의 몫을 제대로 한다.

6

SHALOM JAPAN

샬롬 재팬

주소: 310 S. 4th St.(@Rodney St.), NY 11211

전화번호: (718)388-4012

영업시간: 화~수요일 5:30p.m. – 10:00p.m. / 목~토요일 5:30p.m. – 11:00p.m. /
일요일 5:30p.m. – 10:00p.m. / 토-일요일 브런치 11:00a.m. – 3:00p.m.

홈페이지: www.shalomjapannyc.com

일본과
유대 음식의 만남

오코노미야키

사와코 오코치와 애론 이스라엘은 각자의 문화적 배경을 살려 다
양한 경력을 쌓아 온, 말하자면 미식계의 팔방미인들이다. 일본 히로
시마에서 태어난 사와코는 텍사스를 거쳐 뉴욕으로 이주했고, 애론
은 뉴욕 태생의 유대인이다. 두 사람 모두 여러 명망 있는 레스토랑
에서 경력을 쌓았다.

두 사람은 이곳 샬롬 재팬 레스토랑을 공동으로 운영할 뿐 아니라
커플 사이이기도 하다. 이곳의 독특한 이름은 원래 소호에 있던 코셔
kosher 레스토랑(유대 계율에 맞는 음식을 파는 곳)에서 따온 것이다. 일본
계 유대인 미리엄 미자쿠라가 운영하던 곳으로, 일본풍으로 변형한
게필테(gefilte, 송어, 잉어 등의 생선살에 달걀과 양파 등을 섞어 으깬 다음 뭉친

것)와 할라(challah, 큼직한 꽈배기 모양의 유대 전통 빵)를 팔면서 이스라엘 전통 민요인 하바 나길라Hava Nagila를 부르던 정신없는 장소였다. 물론 유대인 조크로 가득한 스탠딩 코미디 쇼도 빠지지 않았다. 현재는 아쉽게도 문을 닫았지만 이름은 남았다.

샬롬 재팬은 위치가 아주 좋아 쉽게 찾을 수 있다. 윌리엄스버그 다리에서 몇 블록 떨어진, 언제나 힙합 음악을 크게 틀어 놓고 농구 시합을 하는 젊은이들로 가득한 로드니 파크Rodney Park 운동장 맞은 편이다.

이곳의 원숙하면서도 재기발랄한 음식 속에는 일본과 유대, 두 문화에 대한 깊은 이해와 존중이 녹아 있다. 두 오너 셰프의 문화적인 배경과 요리 경력, 그리고 맛있는 음식을 향한 열정이 독특한 콜라보레이션 그 이상의 것을 만들어 낸 것이다. 사실 처음에는 일본의 극도로 정제된 음식 문화가 유대 음식과 대등하게 어울릴 거라고 생각하지 못했지만 뜻밖에 훌륭한 조합이 탄생했다. 거기에 뉴욕에선 엄청나게 다양한 식재료(신선식품이든 건조식품이든)를 자유롭게 공급받을 수 있다는 이점이 더해진다.

이 레스토랑에서 어떤 음식을 먹어야 할까? 일본 음식에 환장한 나 같은 사람에겐 너무 고민되는 일이다. 일본과 유대의 퓨전 음식이라니, 대체 어떤 게 나올지 너무 궁금하잖아! 샬롬 재팬 레스토랑에선 그렇잖아도 내가 무지하게 좋아하는 오코노미야키를 정말 맛있게 만드는데, 점심 메뉴로 딱이다. 어쩌면 이곳의 오코노미야키가 일본

의 오리지널보다 한 수 위일지도 모르겠다. 살짝 염장한 양의 혓바닥 고기가 들어가는데, 덕분에 식감이 더욱 풍부해진다.

일본 사람들은 점심으로 오코노미야키를 종종 먹는다. 오코노미야키란 팬케이크와 파와 배추, 맛있는 참마를 푸짐하게 넣은 오믈렛의 중간 어디쯤 되는 음식이라고 할 수 있겠다. 위에는 일본 마요네즈와 우스터 소스와 비슷한 달착지근한 오타후쿠 소스를 듬뿍 바르고, 맨 꼭대기엔 얇게 민 가쓰오부시와 생강을 올린다. 주문하면 금방 나오는 이 점심 메뉴는 그야말로 끝내주게 맛있다. 유럽에는 아직 잘 알려지지 않은 다채로운 일본 음식 중 하나다.

검은깨로 만든 타히니tahini 소스(볶지 않은 깨를 갈아 만든 페이스트)를 곁들인 참치 타다키 요리(겉만 살짝 익힌 회)도 감동적이다. 내가 워낙 검은깨와 참치의 광팬이라 더 그런지도 모르겠다. 둥그렇게 둘러 담은 검은색 타히니 소스에 살짝만 익힌 사랑스러운 참치를 멋지게 담아내다니, 기막힌 아이디어다. 겉에 깨를 입힌 일반적인 형태의 참치 타다끼보다 한층 고급스럽다.

유대 음식과 일본 음식이 샬롬 재팬 레스토랑 안에서 조화를 이루는 모습은 무척 근사하다. 이곳이야말로 퓨전 요리를 제대로 이해하는 몇 안 되는 레스토랑이다.

SUNDAY, JUNE 1ST

SAKE KASU CHALLAH, RAISIN BUTTER - 7

WEAKFISH   SASHIMI SALAD - 15

SMOKED TORO TOASTS, RAMP CREAM CHEESE - 9

SPRING JEW EGG - 13

CHILLED CHAWANMUSHI, HONSHIMEJI, SPRING ONIONS, SHRIM

NA TATAKI, BLACK TAHINI - 17

BURAAGE POUCHES, RACLETTE, GREEN TOMATO RELISH - 1

KONOMIYAKI, CORNED LAMB'S TONGUE, BONITO - 11

GE DASHI TOFU, FAVAS, GREEN BEANS, FRESH CHICKPEAS - 13

ERIYAKI DUCK WINGS - 15

ATZO BALL RAMEN - 17

SHA-CRUSTED FLUKE, ASPARAGUS, MUSHROOMS, SAKE BEURRE BLA

STRAMI-STUFFED CHICKEN, CABBAGE, POTATO SALAD - 27

GYU STEAK, EGGPLANT AKA MISO, TOKYO TURNIP, RICE CAKE

BOWL, RICE, DAIKON, AVOCADO, IKURA - 23

7

TRAIF

트라이프

주소: 229 S 4th St.(Havemeyer St.와 Roebling St. 사이), NY 11211
전화번호: (347)844-9578
영업시간: 금~토요일 6:00p.m. - 1:00a.m. / 화~목요일, 일요일 6:00p.m. - 자정
홈페이지: www.traifny.com

유대인 셰프가 만들어 주는
아슬아슬한 금기 음식

끊임없이 새로운 메뉴

트라이프 레스토랑을 찾아가던 도중에 길거리에 가득한 하시딕 유대인(Chassidic Jews, 유대인 중에서도 가장 보수파에 속하며, 전통 생활 방식과 의상 등을 고수한다) 중 한 명에게 길을 물었다. 최선을 다해 아는 이디시어(Yiddish, 유대인 공용어)를 몽땅 동원했는데 상대방의 표정을 보니 내가 뭔가 실수하고 있다는 생각이 들었다. 알고 보니 내가 찾던 레스토랑 이름인 트라이프는 유대교 교리에서 금지하는 음식을 뜻하는 이디시어이기도 한 것이다. 극도로 보수적인 유대인을 붙잡고서 '더러운 음식'을 파는 레스토랑을 알려달라고 했으니….

트라이프 레스토랑의 문에는 작은 심장을 가진 귀여운 새끼돼지 모양의 로고가 그려져 있다. 하시딕 유대인으로 가득한 이 동네에선 꽤나 아슬아슬한 유머다. 유대교 교리에서 돼지고기 섭취를 얼마나 엄격하게 금지하는지를 생각하면 더욱 그렇다. 레스토랑의 공동 오너 중 한 명은 유대인이니 그야말로 내부자이기에 가능한 블랙 유머다.

셰프 제이슨 마커스는 그저 그런 평범한 요리사가 아니라 뉴욕 최고로 꼽히는 르 베르나르댕Le Bernardin과 일레븐 매디슨 파크Eleven Madison Park에서 경력을 쌓은 사람이다. 은근히 철학자 같은 면도 있는 그는 트라이프 레스토랑의 자그마한 주방에서 다른 직원들과 나란히 서서 종일 요리한다. 이곳의 메뉴는 각 계절의 제철 식재료를 충실히 반영하는데, 그 말인즉슨 끊임없이 새로운 메뉴가 나온다는 소리다. 트라이프에서 식사를 한다면 이왕이면 여럿이 함께 와 크고 작은 다양한 요리를 주문해 나누어 먹는 게 좋겠다.

제이슨의 셰프 경력은 능력보다 좀 과소평가된 경향이 있다. 어쩌면 이 레스토랑의 콘셉트가 너무 깜찍해서일지도 모른다. 덩달아 트라이프 레스토랑까지 과소평가되곤 하는데 절대 그런 취급을 받을 만한 곳이 아니다. 이곳에서 먹은 모든 음식은 그야말로 히트였다. 다채로운 풍미를 자유자재로 조합해 내는 제이슨의 능력은 무척 뛰어나다. 이미 수많은 사람이 그 사실을 알고 여길 찾는다. 덕분에 레스토랑의 전 직원이 손님맞이로 숨 돌릴 틈 없이 바쁘다.

공동 오너인 제이슨과 헤더 하우저는 샌디에이고의 한 레스토랑에서 직원으로 처음 만났다. 금세 사랑에 빠진 두 사람은 앞으로의 인생을 함께하기로 약속했고, 명확한 계획을 세워 곧바로 실행에 옮

겼다. 유럽 곳곳을 여행한 후 뉴욕으로 이주해 트라이프 레스토랑을 오픈한 것이다. 그들은 거기서 멈추지 않았는데, 얼마 후 길 아래쪽에 괜찮은 가게 자리가 나자 스페인 바르셀로나를 여행할 때 종종 갔던 쉭스Xix라는 이름의 근사한 바를 떠올렸다. 그렇게 그 자리는 쉭사Xixa 가 되었다. 쿨하고 근사한 인테리어를 갖춘 멋진 공간이다. 쉭사Xixa 는 카탈루냐어지만 이디시어에도 같은 발음의 단어가 있다. 유대인 남성의 비유대인 여자친구를 쉭사라고 부르는데, 헤더가 제이슨의 쉭사이니 딱 맞는 이름이다. 쉭사는 멕시코 음식을 주로 내놓는 레스 토랑으로 만약 트라이프 레스토랑이 멕시코시티로 이동하면 이런 느 낌이지 않을까 싶은 곳이다. 분위기는 믿을 수 없을 정도로 근사하고, 와인과 칵테일 리스트 모두 인상적이다. 제이슨의 음식과 헤더의 서 비스, 그리고 그들의 괴상한 유머 감각까지 최고의 조합이다. 나는 트 라이프와 쉭사의 광팬이 되었다.

유대인의 음식, 코셔 푸드란?

코셔는 히브리어로 적당하다, 합당하다는 뜻으로, 코셔 푸드는 유 대교 율법을 준수해 생산한 음식을 의미한다. 율법에 따르면 먹어도 되는 동물과 그렇지 않은 동물이 있는데 '발굽이 갈라지고 되새김질 하는 위가 있는 동물'만 섭취할 수 있다. 대표적인 금기 음식으로는 돼지, 토끼, 조개, 새우, 게, 오징어, 문어, 굴, 장어 등이 있다. 섭취 가 능한 동물의 경우도 율법에 따라 바르게 도축해야 하고, 서로 섞어

먹을 수 있는지와 식사 순서 역시 율법에 따라야 한다. 심지어 조리 도구까지도 코셔 전용 도구를 사용한다거나 코셔가 아닌 음식을 담은 그릇은 반드시 삶아서 소독할 정도로 엄격한 유대 종파도 있다. 가공식품의 경우 유대교인의 감독 하에 제조된 것만 허용된다. 코셔 푸드 인증은 이처럼 까다로운 항목을 통과해야 받을 수 있는 만큼 인증을 획득한 제품은 경쟁력 있는 안전한 식품으로 평가를 받는다.

ROBERTA'S

로베르타스

주소: 261 Moore St.(Bogart St.와 White St. 사이), NY 11206
전화번호: (718)417-1118
영업시간: 월~금요일 11:00a.m. - 자정 / 토, 일요일 10:00a.m. - 자정
홈페이지: www.robertaspizza.com

미국식
다이너 식당

코와붕가 듀드 피자

레스토랑 문을 열고 들어가니 실내에 웬 컨테이너가 잔뜩 쌓여 있는 게 눈에 들어온다면, '방송 중' 안내등에 불이 들어온 라디오 부스 모형 옆에 사람들이 주저앉아 음식을 먹고 있다면, 헐벗은 여성의 엉덩이에 Nice Buns(빵빵하네)라고 써 놓은 그림이 걸려 있다면, 멕시코 풍 크리스마스 장식 조명과 불을 뿜어대는 피자 오븐이 있다면, 피자 모양의 얼굴을 한 카우보이 두 명이 영화 〈브로크백 마운틴Brokeback Mountain〉의 베드신을 펼치고 있는 그림이 눈에 띈다면, 그리고 시끄러운 스피커에서 메탈리카의 명곡 '마스터 오브 퍼펫Master of Puppets'이 귀청을 터트릴 듯 울려 퍼진다면… 그렇다. 당신은 로베르타스에 제대로 찾아온 것이다.

브루클린 부쉬윅 지역의 어느 황량한 거리에선 영화 〈매드 맥스 Mad Max〉에나 나올 법한 미국식 다이너 식당을 만날 수 있다. 이곳은 멋쟁이 힙스터들의 천국이기도 하지만 무엇보다 재미있고 유쾌하며 맛 좋은 음식이 있는 곳이다. 사실 피자만 파는 건 아닌데도 쭉 둘러보면 언제나 손님의 반 이상이 피자를 먹고 있다. 이 집 피자가 정말 끝내주기 때문이다. 완벽한 도우와 주욱 늘어나는 질 좋은 모차렐라 치즈, 그리고 셰프의 비법이 담겨 있다. 토핑은 끊임없이 새롭게 바뀐다. 한때 나는 이 집의 '블랙퍼스트 부리토' 피자와 이름처럼 치즈가 듬뿍 들어간 '치저스 크라이스트' 피자의 팬이었지만 최근엔 '코와붕가 듀드Cowabunga Dude' 피자가 치고 올라왔다. 토마토와 카쵸카발로(caciocavallo, 양젖이나 우유로 만드는 이탈리아산 치즈), 페페로니, 버섯과 양파, 피망과 올리브를 토핑한 피자인데 진짜 끝내준다.

로베르타스 레스토랑에는 언제나 특별한 무언가가 있다. 바로 환상적으로 맛있는 음식이다. 여기 오는 건 정말 신나는 일이다. 피자 못지않은 이곳의 자랑거리인 홈메이드 오리 햄과 파스트라미 샌드위치를 떠올리기만 해도, 거기에 말고기 육회 요리인 타르타르 스테이크까지 먹을 생각을 하면 누구도 나를 막을 수 없다. 뛰어난 기술과 훌륭한 장인정신으로 만든 요리들이다. 로베르타스는 모든 기준을 만족시키는 최고 수준의 레스토랑이다.

9

PETER LUGER

피터 루거

주소: 178 Broadway(@Driggs Ave.), NY 11211
전화번호: (718)387-7400
영업시간: 월~목요일 11:45a.m. - 9:45 p.m. / 금, 토요일 11:45a.m. - 10:45p.m. /
일요일 12:45p.m. - 9:45p.m.
홈페이지: www.peterluger.com

뉴욕 최고의
스테이크 전문점

2인용 스테이크

운 좋게도 저갯 어워드(Zagat Award, 미국 레스토랑 안내서 저갯 서베이에서 수여하는 상)를 받은 레스토랑 중 일부는 가게 안에서도 제일로 좋은 자리에다 이 상을 높이 올려놓곤 한다. 만약 피터 루거 레스토랑의 문을 열고 들어간다면 아마 서른 개의 저갯 어워드 상장이 열 개씩 석 줄로 쭉 늘어선 것이 금세 눈에 들어올 것이다.

그렇다. 지난 30년간 피터 루거 레스토랑은 미국에서 가장 영향력 있는 미식 가이드북에서 선정한 뉴욕 최고의 스테이크 전문점이라는 타이틀을 연이어 거머쥐었다. 나무로 만든 기다란 바 좌석, 고풍스러운 샹들리에, 그리고 심플하지만 묵직한 테이블에서 느껴지는 아우라는 저 수많은 상장이 그저 장식품이 아니라는 것을 소리 없이 알려

준다.

피터 루거 레스토랑 안으로 들어서는 건 마치 역사 속으로 걸어 들어가는 것과도 비슷하다. 이곳은 1887년 '칼 루거의 카페, 당구장 겸 볼링장 Carl Luger's Café, Billiards and Bowling Alley'이라는 긴 이름으로 문을 열었다. 몇 년 후 대부분의 지역 원주민들이 뉴 윌리엄스버그 다리 건너편으로 이주하면서 대신 독일 출신의 이민자들이 이곳을 가득 메우게 되었다. 윌리엄스버그가 교통의 요충지이자 사업의 요지로 급부상하게 된 무렵의 일이다. 레스토랑의 셰프인 칼 루거와 그의 삼촌이자 오너인 피터 루거(1866-1941)는 맛있는 쇠고기 스테이크로 이미 이름을 날리고 있었지만 피터 루거가 사망한 후 그의 아들은 레스토랑을 경매에 붙이기로 마음먹었다. 독일 이민자들 중에서도 당시 이 지역을 주름잡던 하시딕 유대인은 교리에 따라 덜 익은 쇠고기를 먹지 않으며(고기를 썰었을 때 핏물이 보이면 안 된다) 아예 독일 전통 요리가 아니면 입도 대지 않는 보수적인 사람들이 대부분이라 장사가 잘 되지 않았기 때문이다. 하지만 가게가 잘 팔리지 않아 고전했는데, 어느 날 의외의 인물이 등장했다. 피터 루거 레스토랑의 단골손님인 솔 포먼이란 사업가가 레스토랑 건물과 사업권을 35,000달러에 몽땅 인수한 것이다. 포먼은 사업상의 고객을 만날 때면 으레 피터 루거에서 함께 식사하곤 했는데, 약 25년이나 된 습관이라 이제 와서 그 오랜 방식을 고칠 생각이 조금도 없었다. 그래서 아예 레스토랑을 통째로 사 버렸고 원래 모습 그대로 쭉 보존했다. 솔 포먼은 그렇게 60년

간 일주일에 다섯 번씩 피터 루거에서 스테이크를 먹었고, 98세의 나이로 행복하게 눈을 감았다.

내겐 이 훌륭한 레스토랑에 숨겨진 맛의 비밀 따위를 파헤칠 마음도 능력도 없다. 그저 즐겁게, 맛있게 먹을 뿐이다. 이곳의 음식은 맛과 질감이 뛰어난 쇠고기를 엄선해 고르는 것에서 시작된다. USDA(United States Department of Agriculture, 미국 농무부)에서 인증한 프라임급 쇠고기만 사용한다. 피터 루거의 드라이 에이징 숙성 기법은 나날이 발전해 이제는 가히 장인의 경지에 이르렀다. 이곳에서 처음으로 식사했던 건 30년쯤 전의 일인데, 식도락을 즐긴 경험이 일천하던 시절이지만 그래도 이 집 스테이크가 굉장히 특별하다는 것만큼은 분명히 느낄 수 있었다. 나에게 있어 뉴욕에 간다는 건 곧 피터 루거에서 식사를 한다는 것과 같다. 마구 설렌다. 완벽하게 구운 스테이크, 믿을 수 없을 만치 크리미하고 버터처럼 부드러운 시금치 요리, 그리고 근사한 감자 구이. 특히 이 감자는 우리 할머니가 만들어주시던 것과 맛이 똑같다. 여기에 피터 루거의 특제 스테이크 소스를 넉넉히 뿌려 먹는다. 대적할 자 없는 소스라 올 때마다 항상 몇 병 사서 집에 가져간다.

뉴욕에 피터 루거가 있다면 내 고향 벨기에에는 라 타블 뒤 부셰 La Table du Boucher가 있다. 유럽 최고의 스테이크 전문점이다. 이곳의 셰프 뤽 브루타르는 혹시 소하고 말이 통하는 게 아닐까 싶을 정도로 쇠고기를 잘 다룬다. 유럽 대륙 전역에 쇠고기 숙성 기술과 조리법을

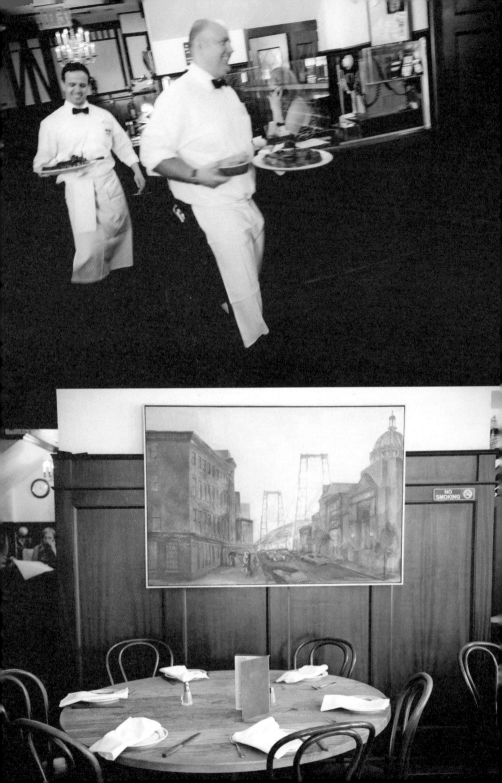

전파한 사람이기도 하다. 나에게 꿈이 있다면 피터 루거의 스테이크와 뤽 브루타르의 스테이크를 한 접시에 가득 담아 와구와구 먹는 것이다. 아아, 지상낙원이 따로 없겠지….

저갯 서베이와 미슐랭 가이드

저갯 서베이는 미국 내(캐나다 토론토와 런던 일부 포함) 레스토랑 안내서로 매년 출간되며 약 70개 도시를 다룬다. 1979년 팀과 니나 저갯 부부가 주변 지인들에게 뉴욕 레스토랑들에 관한 의견을 구한 후 내용을 종합해 창간했다. 전문 심사원의 평가로 이루어지는 미슐랭 가이드Michelin Guide와는 달리, 각 레스토랑을 직접 이용해 본 많은 일반인 고객을 대상으로 설문조사를 해 평점을 매기는 방식을 고수한다. 레스토랑 외에도 호텔과 술집, 클럽, 극장, 골프장, 항공사 등도 다룬다.

미슐랭 가이드는 프랑스의 타이어 회사 미슐랭이 매년 출간하는 레스토랑 안내서이다. 1900년, 자동차 운전자 고객의 여행을 돕기 위한 가이드북 형태로 창간했고 이후 음식이 맛있는 호텔 및 레스토랑에 별을 수여하는 형태로 변했다. 전문 심사원이 몰래 방문해 식사하고 조사한 후 보고서를 작성하면 이를 근거로 평가가 이루어진다. 별 1개는 요리가 훌륭한 레스토랑에 수여되고, 별 2개는 요리가 훌륭해 멀리서도 찾아갈 만한 레스토랑에 수여된다. 최고점인 별 3개는 요리가 매우 훌륭해 그 레스토랑을 위해서 여행을 떠날 가치가 있다고 판

단되는 곳에 수여된다. 그 외에 빕 구르망Bib Gourmant 등급의 레스토
랑도 선정하는데, 합리적인 가격에 훌륭한 음식을 선사하는 친근한
분위기의 레스토랑인지가 평가 기준이다.

GLASSERIE

글라세리

주소: 95 Commercial St.(Box St.와 Ash St. 사이), NY 11222
전화번호: (718)389-0640
영업시간: 월~목요일 12:30p.m. – 2:30p.m., 5:30p.m. – 11:00p.m. / 금요일
12:30p.m. – 2:30p.m., 5:30p.m. – 자정 / 토요일 10:00a.m. – 자정 / 일요일
10:00a.m. – 11:00p.m.
홈페이지: www.glasserienyc.com

중동의 향기를 담은
요리들

황다랑어 요리

"커머셜 스트리트로 가자고요?" 택시 기사가 되물었다. "박스 스트리트 쪽요? 거긴 아무것도 없는데. 공사장 몇 군데뿐이에요."

물론 브루클린 북쪽 끝인 이곳 그린포인트 지역엔 대형 주택단지 공사 현장이 여러 곳 있긴 하다. 그 외에는 별다른 게 없다. 그러니 사람들이 군이 이 지역을 찾아오는 건 모두 글라세리 레스토랑 때문이라고 볼 수 있다. 택시가 줄이어 레스토랑 앞에 손님을 내려놓는다. 이 위풍당당하고 근사한 건물은 알자스 출신의 프랑스 이민자 크리스티앙 도플랑쥐가 지은 것으로 한때 그린포인트 유리 공장의 본사 건물이었다.

세상에는 문을 열고 들어서는 순간 그 분위기에 흠뻑 빠져 버리게 되는 레스토랑들이 몇 군데 있다. 글라세리 레스토랑도 분명 그런 곳 중 하나다. 레바논 혼혈로 중동에서 어린 시절을 보낸 이곳의 오너는 글라세리 레스토랑 음식 안에 자신의 민족적 뿌리를 담는 동시에 개인적인 취향도 확실히 드러내기를 원한다.

그래서 얼마나 좋은 음식이 만들어지는지 궁금하다고? 길게 생각할 필요 없이 일단 맛만 봐도 금방 알 수 있다. 이스라엘 출신의 엘다드 쉠 토브 셰프는 오랫동안 잘 정제된 중동 요리를 해온 사람이다. 하지만 그렇다고 해서 콧대 높은, 잘난 척이나 하는 셰프가 아니다. 오히려 그 반대다. 그는 마치 구름처럼 포근하게 맛의 세계로 안내해 준다. 이곳에선 중동의 향기를 온몸에 두른 듯한 미묘하고도 근사한 음식을 만날 수 있다.

처음 글라세리 레스토랑에서 식사하던 날 병아리콩과 절인 채소, 향긋한 허브 샐러드를 곁들인 토끼고기 요리를 먹으며 완전히 정신을 놓았었다. 이렇게 황홀할 수가! 오리 지방에 담가 숙성시켰다 가볍게 훈제한 토끼 다리는 진심으로 아주 오래도록 기억날 맛이다. 토끼 등심 부위도 무척 부드러운데, 강렬한 하와이즈hawayij 향기가 배어 있다. 하와이즈란 예멘과 이스라엘 등에서 널리 사용하는 향신료 믹스다. 캐러웨이 씨앗과 샤프론, 말린 양파, 카다몸, 코리앤더, 흑후추, 아니스, 펜넬과 생강 등을 섞은 것이다. 개성 있는 향기가 일품이다. 토끼의 다른 부위에서는 우르파 비베르(urfa biber, 터키 동부에서 주로 자라는 고추 품종. 맵지 않고 달큰한 맛이 난다) 특유의 달콤한 말린 자두 같은

향이 느껴졌다.

글라세리 레스토랑 특유의 섬세하고 절묘한 풍미는 날 황다랑어 요리에도 고스란히 담겨 있다. 최상급 황다랑어 살에 싱싱하고 쌈싸름한 루바브와 딸기를 얹고 매콤 알알한 할라페뇨 오일을 뿌렸는데, 살짝 장미 향기도 느껴진다. 알레포 페퍼(Aleppo pepper, 시리아와 터키 등에서 주로 자라는 고추 품종. 청양고추보다 살짝 더 맵다)의 풍미도 함께다. 뭔가 복잡해 보일 수 있는 조합이지만 접시 위에서 모든 것이 자연스럽게 하나가 된다. 글라세리는 당당히 뉴욕 미식계의 한 부분을 맡는 곳이다.

11

DIRCK THE NORSEMAN
덕 더 노스먼

주소: 7 N. 15th St.(Gem St.와 Franklin St. 사이), NY 11222
전화번호: (718)389-2940
영업시간: 월~목요일 5:00p.m. - 자정 / 금요일 5:00p.m. - 2:00a.m. / 토요일 정오 - 2:00a.m. / 일요일 정오 - 자정
홈페이지: www.dirckthenorseman.com

브루클린 최초의
진짜배기 맥주 펍

푹 익힌 돼지 정강이

　뉴욕 그린포인트 지역에 최초로 정착한 이주민 중에는 덕 볼커슨
이란 남자가 있었다. 1638년 현재의 브루클린과 그린포인트 지역 토
지 일부를 매입한 네덜란드 동인도 회사(네덜란드에서 인도, 동남아시아
지역으로 진출하기 위해 설립한, 최초의 주식회사이다)는 1645년에 저 머나먼
북쪽, 북유럽의 스칸디나비아에서 온 선박 제조 기술부 직원 덕 볼커
슨에게 이 지역에다 거처를 마련해 주었다. 그는 '북유럽 사람 덕'이
라는 뜻의 덕 드 누어만Dirk de Noorman이라는 별명으로 통했는데, 이
후 덕 더 노스먼Dirck the Norseman으로 바뀌었다. 이 맥줏집의 이름은
거기에서 유래한 것이다.

　현재의 그린포인트에는 브루클린 일대에서 가장 사랑받는 맥주

양조장이자 카페인 레인 브루어리Lane Brewery가 있다. 그린포인트 스트리트의 명물인 이곳의 오너 에드워드 레이븐은 이스트 리버 워터 프론트 인근의 옛 플라스틱 공장 건물을 개조해 사업을 시작했다. 건물 모든 벽에 커다란 유리창이 설치되어 내부를 들여다볼 수 있는데, 거대하고 번쩍이는 맥주 양조장이라는 이곳의 정체성이 내부 인테리어에 멋지게 드러난다. 수제 맥주 열풍을 성공적으로 이끌고 있는 이곳의 양조 전문가 크리스 프루트는 오너와 함께 사업 확장에 나섰다. 그린포인트 비어 & 에일 컴퍼니Greenpoint Beer & Ale Co를 설립한 후 브루클린 최초의 진짜배기 맥주 펍인 덕 더 노스먼을 오픈한 것이다. 멋지고 거대한 공간에 근사한 라이브 밴드 공연장까지 갖췄다. 두 사람 모두 이곳에 재능을 맥주 붓듯이 콸콸 쏟고 있다.

독창적이면서 푸짐한 덕 더 노스먼의 음식은 크리스 푸르트가 양조한 맥주들과 궁합이 잘 맞는다. 이게 말은 쉽지만, 실제론 절대 쉬운 일이 아니다. 그들의 이야기로는 '심플하면서도 맛깔나는 음식을 하자'고 의기투합했다지만 심플한 음식이 대충 만든 음식이라는 건 절대 아니니까. 덕 더 노스먼에는 완벽한 립, 왠지 추억을 떠올리게 만드는 맛의 돼지고기 정강이 요리, 그리고 무려 11시간 동안 훈제한 근사한 송아지 가슴살 요리가 있다. 크리스가 만드는 개성 있고 자기주장 강한 맥주들과 하나같이 잘 맞는다. 달콤한 꿀의 풍미가 나는 동시에 산뜻하고 드라이한 투펠로Tupelo IPA, 은은한 스모키향이 일품인 헬스 게이트 스모크드 라거Helles Gate Smoked Lager 같은 맥주들 말이

다. 덕 더 노스먼에는 열여섯 가지의 생맥주가 준비되어 있는데 그중
열 가지는 직접 양조한 오리지널 맥주다. 이곳은 모든 기준을 만족시
키는 환상적인 비스트로다. 그린포인트에 간다면 무조건 이 집이다.

12

FETTE SAU

페테 자우

주소: 354 Metropolitan Ave.(N. 4th와 Roebling St. 사이), NY 11211
전화번호: (718)963-3404
영업시간: 월~수요일 5:00p.m. - 11:00p.m. / 목, 일요일 정오 - 11:00p.m. / 금, 토요일 정오 - 자정
홈페이지: www.fettesaubbq.com

뉴욕 최고의
바비큐 레스토랑

버크셔 돼지고기 소시지

최신 유행 음악이 온종일 흘러나오고, 현란한 그래피티로 가득한 거리에 노숙자 스타일 패션으로 온몸을 감싼 사람들이 돌아다니는 곳, 고급스러운 치즈 가게와 명품이 가득한 상점, 럭셔리한 레스토랑이 가득한 곳. 윌리엄스버그는 이처럼 트렌디한 곳이다. 어떤 면에선 베를린과도 꽤 비슷하다.

페테 자우 레스토랑의 외관은 눈에 확 띄진 않는다. 하지만 다행히도 딱 하나, 절대 그냥 지나칠 수 없는 포인트가 있다. 바로 끝내주는 바비큐 냄새다. 레스토랑의 자그마한 입구와 재치 있는 간판에 배어 있는 이 근사한 향기는 지나가는 사람들을 마구 유혹한다. 뉴욕 최고의 바비큐 레스토랑이 바로 여기라는 것, 절대 의심할 필요가 없다.

이 건물은 원래 창고로 쓰이던 곳인데 사실 지금도 여전히 창고처럼 보이긴 한다. 건물 앞 기다란 진입로엔 심플한 피크닉용 테이블이 죽 늘어서 있다. 덕분에 음식을 먹기도 전에 이미 연회장에 온 것 같은 기분도 든다. 사방에 뭉게뭉게 떠 있는 맛 좋은 냄새가 식욕을 마구 돋운다. 페테 자우에선 화이트 오크와 사과나무, 체리나무, 복숭아나무와 단풍나무로 고기를 굽는다. 덕분에 고기 속까지 복합적인 향기가 골고루 배어든다. 모두 뉴욕 주 북부 지역에서 가져온 나무다. 푸주한이 쓰던 낡은 칼 손잡이 모양으로 디자인된 생맥주 탭에선 이곳만을 위해 특별히 양조된 필스너 스타일 맥주 페테 브라우Fette Brau가 콸콸 흘러넘친다. 하지만 식전주가 딱히 필요할 것 같진 않다. 입안에 이미 군침이 가득하니까.

그런데 실은 이 맥주가 아주 끝내주게 맛있다. 페테 자우의 공동 오너가 이미 뉴욕 최고의 맥줏집인 스파이턴 다이벌Spuyten Duyvil도 함께 경영하고 있으니 당연한 일이다. 스파이턴 다이벌은 아직 잘 알려지지 않은 훌륭한 소규모 양조장들의 맥주를 전문적으로 취급하는 곳으로 브롱크스의 샛강인 스파이턴 다이벌 근처에 있다. 이 강의 독특한 이름은 허드슨 강이 이 지역으로 흘러들어오면서 마치 스퓨잉 데빌spewing devil, 즉 미친 악마처럼 거칠게 흐른다는 데서 유래했다. 1642년엔 앤서니 밴 콜레어라는 사람이 이 거친 급류를 헤엄쳐서 건너겠다며 나섰다. 강물 속에 악마 따위는 없다는 걸 증명하고 싶었다나. 하지만 안타깝게도 그는 강물에서 다시 나오지 못했는데 목격자

들에 의하면 거대한 몸집의 괴물 같은 물고기가 나타나 그의 발목을 홱 낚아채 파도 아래로 쑥 끌고 들어가 버렸다고 한다. 믿거나 말거나, 설마 죠스는 아니겠지.

사실 바비큐에 환장한 사람들이 많기로 예전부터 유명한 곳은 댈러스나 캔자스시티 같은 곳이지 뉴욕은 아니다. 하지만 그렇다고 해서 페테 자우 레스토랑의 음식이 혹시 별로인 건 아닐까 걱정할 필요는 전혀 없다. 여긴 지구에서 제일로 훌륭한 바비큐를 먹을 수 있는 곳이니까. 레스토랑 내부는 무척 근사한데, 동쪽 벽은 천장에서 바닥까지 쭉 아우르는 거대한 프레스코화로 덮여 있다. 페테 자우에서 취급하는 육류인 소와 돼지, 양을 부위별로 나누어 그린 것이다. 그 외의 벽은 모두 갈색과 흰색 줄무늬 타일, 그리고 페인트로 스타일리시하고 아름답게 장식되었다. 타닥타닥 장작이 타오르는 화면을 보여주는 모니터도 하나 달려 있어 왠지 집처럼 포근한 느낌마저 든다.

전 테이블은 합석용이고, 음식 주문은 셀프 서비스다. 모든 과정이 효율적으로 착착 진행될 수 있도록 직원들이 꼼꼼하게 신경을 써주니 걱정할 필요 없다. 그저 이 어마어마한 고깃덩어리들 앞에 서서 원하는 부위와 중량을 말하거나 갈빗대를 몇 대 달라는 식으로 주문하기만 하면 된다. 거기에 맛있는 사이드 디시를 추가할 수 있다. 사이드 디시는 종류도 다양하고 신 메뉴도 계속 나오는데, 그중에서도 특히 독일식 감자 샐러드와 칠리가 인기 있다. 페테 자우 레스토랑에 갈 때는 되도록 팀을 짜서 몰려가는 걸 추천한다. 혼자나 둘이서는

이 집의 모든 바비큐를 다 맛볼 수 없어 땅을 치며 아쉬워하게 될 테니까. 여긴 뉴욕 바비큐 계의 진정한 왕이다.

LUCKY LUNA

럭키 루나

주소: 167 Nassau Ave.(@Diamond St.), NY 11222
전화번호: (718)383-6038
영업시간: 화요일 5:30p.m. - 11:00 p.m. / 수~토요일 정오 - 11:00p.m. / 일요일 정오 - 10:00p.m.
홈페이지: www.luckyluna-ny.com

대만과 멕시코 음식의
환상적 조화

중국식 버거

28,000달러. 세 명의 친구가 각자 주머니를 닥닥 긁어모은 쌈짓돈
이다. 셋은 그린포인트의 폴란드 타운에서 이 돈으로 꿈을 실현하기
시작했다. 한때는 피에로기(pierogi, 폴란드의 전통 음식으로 감자, 다진 고기,
치즈 등을 넣은 만두)와 굴라시(goulash, 헝가리의 전통 음식으로 쇠고기, 파프리
카, 고추 등으로 만든 매콤한 수프) 같은 음식을 팔던 폴란드 이민자 동네
의 작은 가게 터는 이제 럭키 루나 레스토랑으로 다시 태어났다.

인생이란 묘하다. 셋은 과거에 우연히 한 번쯤 만난 적이 있긴 하
지만 딱히 일로든 사적으로든 다시 만날 일은 없는 사람들이었다. 그
런 그들이 뉴욕에서 우연히 다시 만나 의기투합해 일을 저지르게 된
것이다. 각자의 배경과 경험을 살려 대만 음식과 멕시코 음식을 캘리

포니아 스타일로 해석한, 퓨전 음식을 만들기로 말이다. 맛있는 것 많기로 유명한 대만과 멕시코의 만남이라니! 럭키 루나의 음식들은 두 나라의 인기 길거리 음식들에서 영감을 받았다. 이곳의 음식을 먹어 보고 이들과 대화를 나누다 보니 두 나라가 생각 이상으로 통하는 데가 많다는 걸 알게 되었다. 달콤한 맛과 매콤한 맛의 균형을 중요하게 생각한다는 것, 짭조름한 고기와 아삭한 채소가 잘 어우러지도록 배합한 한입 사이즈의 음식이 많다는 것 등의 공통점이 있다.

럭키 루나는 진부한 뉴욕 요식업계에 불어온 신선한 한 줄기 바람과도 같다. 워낙 초기 자본이 빠듯하다 보니 화려한 인테리어 따위는 싹 빼고 오로지 제대로 된 음식에만 집중했는데 덕분에 세 동업자는 금세 투자금을 회수할 수 있었다. 하워드 장 셰프의 음식은 맛에 영향을 미치지 못하는 장식용 재료를 배제하고 주재료에만 완전히 집중한다는 특징이 있는데, 사실 뉴욕 같은 도시에서 이런 음식은 흔하지 않다. 더불어 하워드는 가능한 한 모든 식재료를 그 지역 생산자에게서 우선적으로 구매하는 걸 원칙으로 한다. 덕분에 럭키 루나의 음식에는 지역적 특색과 개성이 고스란히 담겨 있다.

레스토랑 주방에서 직접 만들 수 없는 식재료가 있다면 외부에서 구매해 쓰는 것은 당연한 일이지만 그 사실을 떳떳하게 공개하는 셰프는 흔하지 않다. 그런 점에서 하워드 장은 존경받을 만하다. 예를 들어 토르티야는 퀸스 코로나 지역의 닉스타말Nixtamal이라는 가게에서 구매하고, 중국식 빵은 브루클린 부시위크 지역의 페킹 푸

드Pecking Foods라는 곳에서 구매한다. 대만과 멕시코의 식문화는 각자의 길을 따로 걷는 것 같지만, 분명히 둘 사이엔 미묘한 어울림이 있다. 말이 어려운데, 둘 다 맛있다는 소리다. 그러니 럭키 루나에선 대체 뭘 주문해야 할지 매번 고민이 된다. '에잇, 그냥 전부 먹을 테니 있는 것 다 내놔 봐요'가 내 솔직한 심정이다. 정제된 맛, 깊이 있는 풍미. 이곳의 음식을 맛보면 허름한 실내 장식 따위는 아무것도 아니라는 것을 알게 될 것이다.

한편 베이징 덕을 넣은 중국식 버거의 경우 뉴욕을 비롯해 세계 곳곳에 지점이 있는 유명 레스토랑 모모후쿠Momofuku의 인기 메뉴 포크 번(pork bun, 폭신한 중국 빵에 두툼한 차슈와 오이를 넣은 것)에서 영향을 받은 것이 분명하다. 물론 럭키 루나에서도 그 사실을 숨기지 않는다. 모모후쿠의 한국계 셰프 데이비드 장이 개발한 이 중국식 버거 내지 샌드위치는 이젠 소위 뜬다는 동네의 레스토랑에선 쉽게 찾아볼 수 있을 정도로 유명해졌다. 그리고 가슴에 손을 얹고 말하자면 모모후쿠의 오리지널보다 럭키 루나 버전이 더 맛있다. 완벽하고 섬세한, 균형 잡힌 음식이다. 멕시코 음식 카르니타(carnitas, 오랫동안 푹 익힌 돼지 고기를 잘게 찢어 코리앤더, 살사, 구아카몰레 등과 함께 토르티야에 넣은 것) 역시 하워드 장의 손에서 새롭게 탄생했다. 먼저 뜨거운 팬에서 고기 겉면을 지진 다음에 푹 졸이는데, 멕시코의 전통 요리법의 순서를 뒤집은 것이다. 이 시도 덕분에 믿을 수 없을 만치 육즙 가득한 카르니타가 탄생했다. 이런 식당이 있다니, 이 동네 사람들은 복 받았다.

Lucky
Luna

CHEF'S TABLE AT BROOKLYN FARE

셰프스 테이블 앳 브루클린 페어

주소: 200 Schermerhorn St.(@Hoyt St.), NY 11201
전화번호: (718)243-0050
영업시간: 월~토요일 7:00a.m. - 10:00p.m. / 일요일 8:00a.m. - 9:00p.m.(철저한 예약제로 정해진 시간에 좌석에 앉을 수 있다.)
홈페이지: www.brooklynfare.com

프랑스인지 일본인지
혹은 뉴욕인지

스무 가지 이상의 테이스팅 메뉴

덧없는 미슐랭 별 따위에 연연하지 않고 자신의 요리에 모든 것을 쏟아 붓는 셰프, 텔레비전 쇼 출연을 거부하며 심지어 셰프라는 거창한 호칭 대신 공예가라고 불리는 게 낫다는 셰프. 오늘날 가장 존경받는 셰프 중 한 명인 시저 라미레즈다.

공예가라는 말이 나와서 말인데, 시저 라미레즈는 실제로 쇼쿠닌職人 즉 일본 무형문화재급 장인의 경지에 도달하는 게 목표인 것 같다. 멕시코 혈통인 그는 시카고에서 태어나 자랐으며 독학으로 요리를 공부했는데, 미국의 유명한 프렌치 셰프 데이비드 보울리를 동경한 나머지 그의 레스토랑에서 일하기 위해 시카고를 떠나 뉴욕으로 이사했다.

시저 라미레즈는 19살의 나이에 프랑스 여성과 결혼한 후, 수없이 프랑스를 방문하면서 정통 프렌치 요리의 개념과 조리 기술 등을 배웠다. 이후 일본의 음식 문화에도 매료되어 수차례 일본을 찾았는데, 두 나라에서 배운 경험들이 이곳 셰프스 테이블의 개성이 되었다. 라미레즈는 "모름지기 음식이란 뭐라고 주절대는 게 아니라 강력한 한 방이 있어야 한다"고 주장한다. 순수함과 숙련된 기술은 그의 좌우명이다.

시저 라미레즈는 맨해튼에서 성공적인 경력을 한참 쌓아 가던 도중 브루클린의 보럼 힐 지역으로 과감히 터전을 옮겼다. 쉽지 않은 결정이었지만 새로운 레스토랑을 시작하기 위해 모험을 한 것이다. 보럼 힐은 주차장과 창고 건물 따위로 가득한, 말하자면 저평가된 지역이지만 라미레즈는 브루클린 페어Brooklyn Fare라는 멋진 델리카트슨 스토어를 성공적으로 론칭한 이곳 토박이 사업가와 의기투합했다. 브루클린 페어는 다양한 지역에서 생산된 훌륭한 식료품으로 가득한, 무척 멋진 미식가들을 위한 상점이다. 시저 라미레즈는 그 바로 근처에 셰프스 테이블 레스토랑을 오픈해 미식의 새 역사를 열었다.

셰프스 테이블 레스토랑은 시저 라미레즈의 다양한 경험과 경력이 어우러진, 독특한 분위기를 풍기는 레스토랑으로, 딱 18개의 바 좌석을 빼고는 아무것도 없다. 일본의 초밥집 같은 느낌을 내려는 의도로 보인다. 하지만 진짜 독특한 것은 라미레즈의 음식이다. 그는 무엇보다 생선과 해산물 요리에 능하다. 일본에서 직접 배송된 성게

Our kitchen is bigger than yours.

ooklynFare.com

알을 버터를 듬뿍 넣어 구운 브리오슈 위에 올리고 검은 송로버섯을 얇게 저며 얹으면…. 말이 필요 없다. 라미레즈가 만드는 부야베스 (bouillabaisse, 생선과 해산물로 만든 프랑스식 스튜)를 한입 먹는 순간 이 레스토랑이야말로 프랑스 요리의 최고봉이 아닌가 싶다. 그러다 완벽하게 튀긴 복어 꼬리를 먹으면 이번엔 여기가 일본인지 뉴욕인지 헷갈리게 되고.

최고의 레스토랑에서만 쭉 일해 온 사람답게, 라미레즈는 언제나 최고급 식재료를 선호한다. 실제로 그의 연간 캐비아 사용량은 어마어마하다. 비싼 재료라서 훌륭하다는 건 절대 아니다. 라미레즈의 음식은 마치 진실하고 현명한 동방의 수도사가 자아낸 작품 같다. 그는 이 지구상 최고의 음식 장인 중 한 명이다.

Brooklyn
East River
Brooklyn Bridge Park
Manhattan Bridge
Brooklyn Bridge
York St
High St
Clark St
Nassau Street
Brooklyn Queens Expy
Borough Hall
Jay St
Adam Street
Flatbush Avenue Extension
Myrtle Avenue
DeKalb Ave
DeKalb Avenue
Nevins St
Livingston St
Fulton Street
Atlantic Avenue
Bergen St
Court Street
3rd Avenue
Carroll St
Union Street
Brooklyn
Clarendon Road
Avenue D
Cortelyou Road
Ocean Parkway
Coney Island Avenue
Foster Avenue
Flatbush Avenue
Avenue J
Avenue L
Avenue M
Bedford Avenue
Kings Highway
Avenue P
0
500 m
N
48th Avenue
49th Avenue
50th Avenue
51st Avenue
Jackson Av
Jackson Avenue
Hunters Point Ave
Skillman Av.
51st Avenue
Borden Avenue
2nd Street
East River
Ash Street
Commercial Street
Box Street
Paidge Avenue
Dupont Street
Eagle Street
Freeman Street
Green Street
Huron Street
India Street
Java Street
Kent Street
Franklin Str.
Manhattan Avenue
McGuinness Boulevard
Greenpoint Av
Greenpoint Avenue
West Street
Milton Street
Noble Street
Calyer Street
Meserole Avenue
Oak Street
Norman Avenue
Humboldt Street
Meserole Avenue
Leonard Str.
McGuinness Boulevard
Newell Street
Norman Avenue
Nassau Av
Nassau Avenue
East River State Park
N 12th Street
N 11th Street
N 15th Street
N 14th Street
N 13th Street
Kent Avenue
Driggs Avenue
McCarren Park
Manhattan Avenue
Wythe Avenue
N 10th Street
N 9th Street
N 8th Street
N 7th Street
N 6th Street
N 5th Street
N 4th Street
N 3rd Street
Berry Street
Driggs Avenue
Bedford Av
Roebling Street
Havemeyer Street
Brooklyn Queens Expy
Leonard Street
Kent Avenue
N 1st Street
Metropolitan Avenue
Grand Street
Wythe Avenue
S 1st Street
S 2nd Street
S 3rd Street
S 4th Street
Hope Street
Metropolitan Avenue
Lorimer St
Metropolitan Av
Graham Av
Metropolitan Avenue
Grand Street
Grand St
Grand Street
Rodney Street
Williamsburg Bridge
Broadway
Borinquen Place
Marcy Avenue
Union Avenue
Keap Street
Hooper Street
Hewes Street
S 4th Street
S 8th Street
S 9th Street
Marcy Av
Division Avenue
Hewes St
Broadway
Broadway
Wilson Street
Montrose Av
Bushwick Avenue
Stagg Street
Meserole Street
Johnson Avenue
Morgan Avenue
Ingraham Street
Morgan Av
Boerum Street
White Street
Seigel Street
Moore Str.
Morgan Av.
5, 14, 15, 17, 26, 20, 21, 28
1
2
3
4
5
6
7
8
9
10
11
12
13
14
15
16
17
18
19
20
21
22
23
24
25
26
27
28

그 외의 추천 장소 - 브루클린

15 BENKEI RAMEN 벤케이 라멘
주소: 126 N. 6th st. NY 11249
전화번호: (201)290-8682
홈페이지: www.benkeiramenusa.com
추천 메뉴: 돈가스 라멘

16 LANDHAUS AT THE WOODS 랜드하우스 앳 더 우즈
주소: 48 S. 4th St., NY 11249(Brooklyn)
전화번호: (718)710-5020
홈페이지: www.thelandhaus.com
추천 메뉴: 그레이비 소스, 치즈 커드를 곁들인 캐나다식 프렌치프라이인 푸틴Poutine, 특선 프렌치 프라이

17 FRENCH LOUIE 프렌치 루이
주소: 320 Atlantic Ave., NY 11201(Brooklyn)
전화번호: (718)935-1200
추천 메뉴: 해조류인 덜스Dulse를 섞은 버터와 훈제 정어리를 얹은 호밀 바게트

18 RIVER STYX 리버 스틱스
주소: 21 Greenpoint Ave., NY 11222(Brooklyn)
전화번호: (718)383-8833
추천 메뉴: 안초비 요리, 토르티야를 4등분 해 살사와 치즈를 얹어 익힌 칠라킬레스chilaquiles

19 EXTRA FANCY 엑스트라 팬시
주소: 302 Metropolitan Ave., NY 11211(Brooklyn)
전화번호: (347)422-0939
추천 메뉴: 스리라차 랜치 딥을 곁들인 조갯살 옥수수 튀김

20 DI FARA PIZZA 디 파라 피자
주소: 1424 Ave. J(14th St.와 15th St. 사이), NY 11230(Brooklyn)
전화번호 :(718)258-136
추천 메뉴: 칼조네Calzone 피자

21 TACIS BEYTI 타시스 베이티
주소: 1955 Coney Island Ave.(Ave. P와 Kings Highway 사이), NY 11223(Brooklyn)
전화번호: (718)627-5750
홈페이지: www.tacisbeyti.com
추천 메뉴: 간 고기를 듬뿍 얹은 피자와 비슷한 터키 요리인 키말리 피데Kiymali pide

22 BROOKLYN GRANGE 브루클린 그랜지
주소: 37-18 Northern Blvd.(38th St.와 Steinway St. 사이), NY 11205
전화번호: (347)670-3660
홈페이지: www.brooklyngrangefarm.com
추천 메뉴: 옥상에서 재배한 신선한 채소

23 PIES AND THIGHS 파이즈 앤 사이즈
주소: 166 S. 4th St.(Driggs Ave.), NY 11211
전화번호: (347)529-6090
홈페이지: www.piesnthighs.com
추천 메뉴: 잘게 자른 훈제 돼지고기와 달걀

24 NITEHAWK CINEMA 나이트호크 시네마
주소: 136 Metropolitan Ave.(Berry St.와 Whyte Ave. 사이), NY 11249(Williamsburg, Brooklyn)
전화번호: (718)384-3980
홈페이지: www.nitehawkcinema.com
추천 메뉴: 아보카도 마요네즈를 곁들인 크랩 케이크

25 EAT GREENPOINT 잇 그린포인트
주소: 124 Meserole Ave., NY 11222(Brooklyn)
전화번호: (718)389-8083
추천 메뉴: 사일런트 밀(Silent meals, 매달 열리는 이벤트로 침묵 속에서 식사한다)

26 MORGANS 모건스
주소: 267 Flatbush Ave.(St. Marks Ave.와 Flatbush Ave. 코너), NY 11217(Brooklyn)
홈페이지: www.morgansbrooklynbarbecue.com
추천 메뉴: 16시간 훈제한 쇠고기 양지머리 바비큐

27 PETER PAN DONUTS AND PASTRY 피터 팬 도너츠 앤 페이스트리
주소: 727 Manhattan Ave., NY 11222
전화번호: (718)389-3676
추천 메뉴: 꽈배기 형태로 반죽을 꼬아 만든 올드 패션드 크룰러 도넛

28 CAFE TIBET 카페 티베트
주소: 1510 Cortelyou Rd.(Flatbush), NY 11226
전화번호: (718)941-2725
추천 메뉴: 티베트 찐만두 요리인 쇠고기 모모스

City Island

그 외의 추천 장소 - 브롱크스

1 **EL NUEVO BOHIO LECHONERA** 엘 누에보 보히오
레초네라
주소: 791 E. Tremont Ave., NY 10460(Bronx)
전화번호: (718)294-3905
홈페이지: www.elnuevobohiorestaurant.com
추천 메뉴: 로스트 포크

2 **ROBERTO** 로베르토
주소: 603 Crescent Ave.(Hughes Ave.), NY 10458
전화번호: (718)733-9503
홈페이지: www.robertos.roberto089.com
추천 메뉴: 마카로니처럼 짧은 파스타와 흰강낭콩,
병아리콩 등을 넣은 스튜 형태의 요리인 파스타 에
파지올리Pasta e fagioli

3 **JOHNNY'S FAMOUS REEF RESTAURANT** 조니
스 페이머스 리프 레스토랑
주소: 2 City Island Ave.(Rochelle St. 에서 바닷가 방향),
NY 10464
전화번호: (718)885-2086
홈페이지: www.johnnysreefrestaurant.com
추천 메뉴: 해산물 튀김과 생선 튀김

Hudson River
Riverside Park
De Witt Clinton Park
Theodore Roosevelt Park
Central Park
Times Square
MoMA
Bryant Park
Grand Central Terminal
Chrysler Building
Penn Station
81 ST - MUSEUM OF NATURAL HISTORY
72 ST
66 ST - LINCOLN CENTER
59 ST - COLUMBUS CIRCLE
57 ST - 7 AV
7 AV
50 ST
49 ST
47ST - 50ST
5 AV - 53 ST
59 ST
LEXINGTON AVENUE - 53 ST
51 ST
42 ST - PORT AUTHORITY
42 ST - TIMES SQ
42 ST - BRYANT PARK
5 AV
GRAND CENTRAL - 42 ST
34 ST - PENN STATION
HENRY HUDSON PARKWAY
RIVERSIDE DRIVE
JOE DIMAGGIO HIGHWAY
BROADWAY
COLUMBUS AVENUE
CENTRAL PARK WEST
AMSTERDAM AVENUE
WESTEND AVENUE
WEST DRIVE
TERRACE DRIVE
EAST DRIVE
65TH STREET TRANSVERSE
12TH AVENUE
11TH AVENUE
10TH AVENUE
9TH AVENUE
8TH AVENUE
7TH AVENUE
AVENUE OF THE AMERICAS
5TH AVENUE
MADISON AVENUE
PARK AVENUE
LEXINGTON AVENUE
3RD AVENUE
2ND AVENUE
W 81ST STREET
W 79TH STREET
W 75TH STREET
W 73RD STREET
W 72ND STREET
W 70TH STREET
W 66TH STREET
W 65TH STREET
W 60TH STREET
W 59TH STREET
W 58TH STREET
W 57TH STREET
W 56TH STREET
W 55TH STREET
W 54TH STREET
W 53TH STREET
W 52TH STREET
W 51TH STREET
W 50TH STREET
W 49TH STREET
W 48TH STREET
W 47TH STREET
W 46TH STREET
W 45TH STREET
W 44TH STREET
W 43TH STREET
W 42TH STREET
W 41TH STREET
W 40TH STREET
W 39TH STREET
W 38TH STREET
W 37TH STREET
W 34TH STREET
E 65TH STREET
E 59TH STREET
E 57TH STREET
E 55TH STREET
E 45TH STREET
E 42TH STREET
0
500 m
N

그 외의 추천 장소 - 업타운 웨스트

① **ASIATE**(MANDARIN ORIENTAL HOTEL) 아시아테
주소: 80 Columbus Circle(60th St. 35층), NY 10023
전화번호: (212)805-8881
홈페이지: www.mandarinoriental.com/newyork/
fine-dining/asiate
추천 메뉴: 오렌지꽃 증류수를 넣은 어린 당근 요리

② **PER SE** 퍼 세
주소: Time Warner Centre-10 Columbus Circle
(60th St. 4층), NY(Broadway)
전화번호: (212)823-9335
홈페이지: www.perseny.com
추천 메뉴: 9코스 테이스팅 메뉴

③ **JEAN-GEORGES** 장 조지
주소: Trump International Hotel, 1 Central Park
W.(60th St.와 61st St. 사이), NY 10023
전화번호: (212) 299 3900
홈페이지: www.jean-georges.com
추천 메뉴: 장 조지 코스 메뉴

THE EAST POLE
이스트 폴

주소: 133 E. 65th St.(Lexington Ave.와 Park Ave. 사이), NY 10065
전화번호: (212)249-2222
영업시간: 월~금요일 11:30a.m. - 3:00p.m., 5:30p.m. - 자정 / 토요일 10:30a.m.
- 자정 / 일요일 10:30a.m. - 11:00p.m.
홈페이지: www.theeastpolenyc.com

최고의 식재료들로
빛나는 음식

생선 파이

어퍼 이스트사이드의 파크 애비뉴 동쪽 거리에 있는 레스토랑 이야기를 꺼낼라치면 의외라는 반응이 돌아올지도 모르겠다. 이 동네엔 상상할 수 있는 온갖 럭셔리한 상점들은 가득해도 맛있는 집은 별로 없기 때문이다.

1960년대, 퍼스트 애비뉴와 63번가는 뉴욕에서도 제일 잘나가는 동네로 통했다. 최초의 T.G.I. 프라이데이스가 이 지역에 오픈한 데다 먹는 피임약까지 발명되면서 좀 놀 줄 안다 하는 싱글들이 너나 할 것 없이 이 핫 플레이스로 모여들었던 것이다.

그리고 이제 이 동네는 그동안의 긴 겨울잠에서 슬슬 깨어날 준비를 하고 있다. 60년대의 잘나가던 시절이 다시 돌아오려는 모양이다.

저명한 요식업자들이 이곳에 하나둘 사업장을 오픈하기 시작하면서 부활의 신호탄을 쏘아 올렸다.

하지만 무엇보다 가장 멋진 일은 편안한 동네 식당 같은 느낌을 물씬 풍기는 동시에 세련된 레스토랑인 이스트 폴이 문을 열었다는 것이다. 이스트 폴 레스토랑은 65번가의 유서 깊은 브라운스톤 건물(주로 19세기에 지어진, 붉은빛의 사암으로 지은 웅장한 석조 건물)에 자리 잡았다. 내부 인테리어는 시대를 초월한 근사한 스타일이며, 이곳의 음식은 전체적으로 최상의 식재료가 돋보일 수 있도록 가능한 단순하고 직관적으로 조리된다.

나는 채식주의자와는 거리가 어마어마하게 먼 사람이지만 그럼에도 불구하고 이스트 폴 레스토랑의 신선한 채소 요리 앞에서는 감동을 받는다. 이곳의 셰프 니콜라스 윌버는 지나쳐 가는 유행 따위에 흔들리지 않는다. 그는 유니언 스퀘어에서 열리는 파머스 마켓(Farmers Market, 농산물 직거래 장터) 문이 열리자마자 항상 맨 처음으로 들어가는 손님 중 하나다. 무척 이른 아침에 열리는 시장이라는 걸 생각하면 정말이지 부지런한 사람이다. 시장 상인 중 그를 모르는 사람이 없을 정도인제, 이들 모두 니콜라스 윌버는 최고의 요리를 만들기 위해서라면 절대로 타협하지 않는 셰프라고 입을 모은다. 익힌 채소든 날 것 그대로든, 혹은 양념에 절이든 간에 그의 섬세한 제철 채소 요리는 모두 경이롭다. 지역의 농부, 어부들과 좋은 관계를 유지하고 있는 덕분에 훌륭한 재료를 쓸 수 있다는 것도 중요한 점이다.

니콜라스 셰프가 '우리 지역 식재료입니다'라고 하면 그건 정말로 이 동네에서 난 것이라는 얘기다. 몇몇 잘나간다는 셰프들이 한 500마일(약 805킬로미터) 이내에서 재배한 식재료를 구매하며 우리 지역 운운하는 일이 많지만, 니콜라스는 모든 재료를 50마일 이내에서 구매한다. 그는 재료 공급자와 탄탄한 파트너 관계를 맺는 게 얼마나 중요한 일인지 안다.

내가 가장 좋아하는 이스트 폴 레스토랑의 요리는 스카치 에그(Scotch egg, 완숙 달걀을 다진 고기로 감싸 빵가루를 묻혀 굽거나 튀긴 것)와 생선 파이인데 특히 생선 파이는 셰프의 고전적인 요리관을 명확히 보여준다. 바삭한 퍼프 페이스트리에 담긴 이 요리는 톡 쏘는 강렬한 맛의, 자칫 튀기 쉬운 재료인 펜넬(회향)을 딱 맞게 사용해 맛의 균형을 잡았다. 훌륭하다. 더 적게 혹은 많이 썼다면 맛을 망쳤을 것이다. 이스트 폴은 맛에 대한 뚜렷한 비전을 가진 레스토랑이다.

ROTISSERIE GEORGETT

로티세리 조제트

주소: 14 E. 60th St.(Madison Ave.와 5th Ave. 사이), NY 10022
전화번호: (212)390-8060
점심 영업시간: 월~금요일 정오 - 2:30p.m. / 일요일 정오 - 3:00p.m.
저녁 영업시간: 월요일 5:45p.m. - 10:00p.m. / 화~토요일 5:45p.m. - 11:00p.m. /
일요일 5:00p.m. - 9:15p.m.
홈페이지: www.rotisserieg.com

고기를 근사하게 구워내는
오픈 키친

풀레 드 룩스

이 세련된 로티세리(rotisserie, 고기를 꼬치에 꿰어 빙글빙글 돌려가며 굽는 조리방식) 전문 레스토랑은 오너와 셰프 간의 깊은 신뢰를 바탕으로 순항 중이다.

조제트 파르카스는 퍽 이른 열다섯 살의 나이에 요식업계에 발을 들였다. 스위스의 호텔 학교를 졸업한 후에는 몬테카를로로 건너가 알랭 뒤카스와 대니얼 불루드의 레스토랑에서 경력을 쌓았다. 그리고 17년 후, 조제트는 드디어 자신의 레스토랑을 운영할 준비가 되었다.

어떤 레스토랑을 원하는지 머릿속에 명료한 아이디어가 있더라도 막상 그걸 실행에 옮기는 건 쉽지만은 않은 일이다. 그녀가 원하는 것은 좋은 고기를 제대로 준비해 맛있고 근사하게 구워 내는 오픈 키친이었는데, 채드 브라우즈 셰프가 그 콘셉트를 실현시켰다.

새끼돼지와 양의 통구이와 양다리 구이, 토끼 구이, 부위별로 깨끗하게 잘라낸 오리 구이, 그리고 뭐니 뭐니 해도 환상적으로 맛있는 로스트 치킨. 로티세리 조제트 레스토랑에선 이런 멋진 음식들을 일상적으로 만날 수 있다. 채드 브라우즈 셰프는 고기를 부위별로 완벽히 해체하고 다듬는 기술을 능숙히 구사하는 사람이지만 그래도 될 수 있으면 통째로 굽는 걸 더 좋아한다. 육류가 되었든 가금류가 되었든 말이다. 사실 이건 다른 많은 셰프들도 그렇다. 로티세리 조제트는 좋은 재료를 괜히 깨작대며 자르거나 하지 않고 제대로 된 음식을 만들어 내는 곳이다. 셰프의 장인 정신과 열정을 느낄 수 있다.

채드 브라우즈는 화려한 손기술 따위로 유세를 떨지 않는, 그리고 괴상한 맛의 조합 실험 따위는 하지 않는 셰프다. 그저 최고의 음식으로 손님들에게 행복을 선물할 뿐이다. 그런 셰프를 만나는 건 기분 좋은 일이다. 유명한 디자이너가 만든 비싼 접시 위에 손톱만 한 치킨 조각 하나를 올려놓곤 열댓 개의 조그만 장식을 주변에 두른 요리보단 제대로 구운 닭다리 하나가 훨씬 감동적이다. 기본에 집중하기, 이것보다 중요한 게 있을까?

로티세리 조제트의 대표 요리 중 하나인 풀레 드 룩스poule de luxe는 혈통 좋은 방목 닭에 버섯으로 만든 필링을 넣어 구운 것이다. 껍질은 기막히게 바삭하고 치킨 그레이비 소스(이게 또 절묘하다)와 야생 버섯, 그리고 푸아그라를 곁들인 살코기는 그야말로 완벽하다. 이 죽여

주게 맛있는 닭 요리는 2인용으로 나온 것이지만 누구와 같이 먹든 간에 서로 더 먹겠다며 머리채를 잡을 게 분명하니 아예 처음부터 싫어하는 사람이랑 같이 가서 먹는 게 나을 것이다.

들자 하니 어떤 평론가가 이곳의 음식을 두고 신선한 창의성이 부족하다고 평했다고 한다. 그래 뭐, 생각하기 나름이지. 나로서는 굳이 머리를 굴리며 새로운 것을 억지로 창조하느니 구식 요리일지언정 제대로 만드는 게 낫다고 본다. 그렇게 생각하면 그 평론가 어쩌고의 말은 로티세리 조제트에 대한 아주 정확한 묘사일 수도 있겠다.

그 외의 추천 장소 - 업타운 이스트

3 **FLOCK DINNER** 플록 디너
주소: 1504 Lexington Ave., NY 10029
추천 메뉴: 코리 코바 셰프의 비정형적 식사 코스

4 **SUSHI SEKI** 스시 세키
주소: 1143 1st Ave.(62d, 63d St. 사이), NY 10065
전화번호: (212)371-0238
추천 메뉴: 굴 튀김을 넣은 김말이

5 **SHUN LEE PALACE** 슌 리 팰리스
주소: 155 E. 55th St.(Lexington St.와 3rd Ave. 사이),
NY 10022
전화번호: (212)371-8844
홈페이지: www.shunleepalace.net
추천 메뉴: 베이징 덕

6 **THE JEFFREY** 더 제프리
주소: 311 E. 60th St.(1st, 2nd Ave. 사이-Roosevelt
island tram station), NY 10022
전화번호: (212)355-2337
홈페이지: www.thejeffreynyc.com
추천 메뉴: 비트를 넣은 데빌드 에그에 머스터드와
차이브, 딜로 맛을 낸 스리라차 소스를 곁들인 요리

7 **RAO** 라오
주소: 455 E. 114th St.(Pleasant Ave.), NY
전화번호: (212)722-6709
홈페이지: www.raos.com
추천 메뉴: 모차렐라 치즈를 듬뿍 넣은 토스트에 달
걀물을 입혀 튀긴 모차렐라 인 카로차

NOMAD @THE NOMAD HOTEL

노매드 앳 더 노매드 호텔

주소: 1170 Broadway와 28th St., NY 10001

전화번호: (212)796-1500

점심 영업시간: 월~일요일 정오 - 2:00p.m

저녁 영업시간: 월~목요일 5:30p.m. - 10:30p.m. / 금~토요일 5:30p.m. - 11:00p.m. / 일요일 5:30p.m. - 10:00p.m.

홈페이지: www.thenomadhotel.com/#!/dining

대중적이면서 덜 부담스러운,
스타일리시한 레스토랑

2인용 치킨 통구이

매디슨 스퀘어 파크는 무려 1686년에 조성된, 무척이나 오랜 역사를 가진 공원이다. 이곳을 중심으로 첼시와 머레이 힐(인도 레스토랑이 엄청 많아 일명 커리 언덕이라고도 불린다), 로즈 힐과 플랫아이언 빌딩 주변을 합쳐 노매드(NoMad: North of Madison Square Park)라고 부른다.

플랫아이언 빌딩은 세계에서 제일 상징적인 건물 중 하나다. 이름처럼 플랫아이언flatiron 즉 다리미 모양을 한 이 프랑스풍 신고전주의 양식의 독특한 건물은 1902년에 완공되자마자 뉴욕의 상징 중 하나가 되었다. 뉴욕 5번가와 브로드웨이 교차로가 만나는 지점에 위풍당당하게 서 있는데, 그 뒤편엔 노매드 호텔이 숨어 있다. 노매드는 무척 아름다운 호텔로 최근에 리노베이션 되었는데 유럽의 클래식하고 럭셔리한 분위기와 뉴욕의 감성을 동시에 갖추고 있어 파리의 최고급 호텔에도 뒤지지 않는다. 하지만 노매드 호텔의 진정한 보물은 근사한 인테리어가 아니라 셰프 대니얼 흄과 사업가 윌 귀다라, 두 사람이 창조한 공간인 노매드 레스토랑이다. 가히 이 대단히 창조적인 두 사람이 낳은 자식이라고 할 수도 있는 노매드 레스토랑의 아이덴티티에 대해 설명하는 것은 마치 롤링 스톤즈가 어떤 밴드라고 설명하는 것과도 비슷하다. 느긋하다거나 활력이 넘친다거나 진짜배기다 등의 표현을 쓰게 되니까. 실제로 이곳 주방에서 요리가 만들어지는 모습은 마치 롤링 스톤즈의 믹 재거가 무대 위에서 공연하는 모습과도 비슷하다.

대니얼 흄과 윌 귀다라는 이미 근처에서 일레븐 매디슨 파크Eleven Madison Park 레스토랑을 성공적으로 운영하고 있다. 한때 뉴욕 최고급 레스토랑의 기준이 되기도 했던, 미슐랭 별 3개에 빛나는 보석 같은 곳이다. 하지만 그들은 명성에 안주하는 대신 새로운 모험에 도전했다. 노매드 호텔에 상대적으로 심플한 형태의 레스토랑을 론칭한 것이다. 일레븐 매디슨 파크의 고급스럽고 복잡한 요리들은 노매드 레스토랑에선 좀 더 대중적이면서 덜 부담스러운, 스타일리시한 요리로 다시 태어났다. 일레븐 매디슨 파크의 요리가 마치 예술에 평생을 바친 늙은 장인이 가느다란 붓으로 세밀화를 그리듯 꼼꼼하게(그리고 어떤 면에선 좀스럽게) 준비된다면 이곳 노매드 레스토랑의 요리는 굵직한 붓으로 휙휙 일필휘지하는 것과도 비교할 수 있다.

말은 그렇게 했지만 노매드의 음식이 성의 없을 거라고 오해해서는 곤란하다. 노매드의 음식은 믿을 수 없을 정도로 훌륭한데, 특히 치킨 요리는 뉴욕 전체를 통틀어 최고 수준이다. 사랑하는 사람과 함께 나누어 먹고 싶은 맛이다. 버터를 듬뿍 넣은 브리오슈 반죽과 송로버섯, 푸아그라로 만든 파테로 속을 채운 치킨이라니, 뭔가 웅장하고 장엄해 보이기까지 한다. 속에 채운 재료들은 하나같이 섹시한 맛이고, 요리를 장식한 허브 다발에선 최음제와도 같은 향기가 풍긴다. 눈으로만 봐도 완벽한데 맛은 더 훌륭하다. 닭 껍질 아랫부분에 브리오슈 반죽을 채워 넣어 구워서 겉은 환상적으로 바삭바삭하고 그 아래 살코기는 엄청나게 촉촉하다. 그런데 셰프는 이 근사한 요리를 최대한 수수하고 소박해 보이게 담아낸다. 그저 매시트포테이토 약간과 화이트 아스파라거스로 장식하는 게 전부다. 여기에 잘게 썰어서 볶은 모렐 버섯(morel mushrooms, 벌집 모양의 갓이 특징인 버섯으로 쫄깃한 씹는 맛이 좋다. 곰보버섯이라고도 한다)을 곁들여 식사한 후 산뜻한 디저트로 입가심하는 것, 이것이야말로 쾌락주의자들을 위한 진정 완벽한 식사가 아닐까. 왕년의 위대한 셰프들이 그 시대의 질 좋은 토종닭으로 만드는 클래식한 요리처럼 보이면서도 동시에 무척 현대적인 맛을 낸다는 게 신기하다.

노매드의 와인 리스트도 무척 인상적이다. 뉴욕 주에서 생산한 와인들을 두루 갖추고 있는데, 놀랍게도 어지간한 다른 유명한 레스토랑에서도 찾기 어려운 것들이다. 정말이지 단골로 삼고 싶은 멋진 곳이다.

EISENBERG'S

아이젠버그

주소: 174 5th Ave.(23rd St.와 22nd St. 사이), NY 10010
전화번호: (212)675-5096
영업시간: 월~금요일 6:30a.m. - 8:00p.m. / 토요일 9:00a.m. - 6:00p.m. / 일요일 9:00a.m. - 5:00p.m.
홈페이지: www.eisenbergsnyc.com

1929년부터 시작된,
역사와 전통이 가득한 곳

마초 볼 수프

5번가는 뉴욕의 심장부에서도 가장 창의력과 영감이 넘치는 곳이
다. 특히 플랫아이언 빌딩의 그림자가 길게 드리우는 브로드웨이 교
차로의 한 지점을 주목하자. 거기엔 왠지 언제나 그 자리에 있었을
것 같은 다이너 겸 샌드위치 가게가 있다.

방금 심장부 운운한 김에 하는 말인데, 그렇잖아도 뉴욕 주민들
의 저밀도 콜레스테롤 지수가 자꾸만 높아지고 있는 걸 생각하면 건
강을 위해서라도 아이젠버그에서 식사를 하는 게 좋을 것 같다. 마초
볼 수프는 저칼로리 건강식이다. 뉴욕 5번가의 온갖 화려 번쩍한 볼
거리들과 럭셔리한 레스토랑들 사이에서 이 숨겨진 보석 같은 레스
토랑은 언제나 자기 자리를 묵묵히 지켜 왔다. 무려 1929년부터 동네

주민들은 물론이고 멀리서도 꾸준히 찾아오는 수많은 사람들에게 튜나 멜트 샌드위치와 루벤 파스트라미 샌드위치, 그리고 이 집의 명물인 유명한 마초 볼 수프Matzo ball soup까지, 맛있고 다양한 즐거움을 한가득 선물해 온 없어선 안 될 식당이다. 마초는 아주 옛날, 그러니까 성경의 출애굽기 속 그때 그 시절에 유대인들이 피난길에 만들어 먹던 빵으로, 이 누룩을 넣지 않은 이 빵은 지금도 전 세계 유대인의 다수를 차지하는 아쉬케나지 유대인(Ashkenazi Jews, 독일계 유대인)에겐 종교적으로 무척 중요한 음식이다. 당시엔 빵으로 먹었지만, 이제는 마초를 공처럼 둥글게 뭉쳐 따끈하고 고소한 치킨 수프에 넣어서 먹는 식으로 바뀌었다. 마초 볼 수프는 아이젠버그 레스토랑 같은 전통 유대식 식당에서 흔히 만날 수 있다. 맛있고, 인기도 많고, 먹고 나면 마음이 푸근해진다.

유대교 경전인 토라Torah의 엄격한 음식 관련 규정에 따르면 제대로 된 마초를 만들기 위해선 스펠트 밀(spelt, 고대에서 중세까지 유럽에서 주로 재배했던 밀 품종으로 최근 건강식으로 주목받으며 수요가 늘어났다)과 호밀, 밀, 귀리, 보리 등의 곡물가루에 파슬리를 비롯한 허브를 섞고 달걀노른자를 넣어 반죽해야 한다. 여기에 달걀흰자를 휘저어 만든 머랭을 섞기도 하는데, 그렇게 하면 반죽이 한층 가벼워져 수프에 넣었을 때 마초 볼이 둥둥 뜬다. 실제로 마초 볼 수프는 둥둥 뜨는 것과 가라앉는 것으로 나뉜다.

아이젠버그에선 유서 깊고 독특한 음료도 마실 수 있다. 바로 뉴

욕 에그 크림New York Egg Cream인데 오리지널 레시피를 엄격하고 깐깐하게 지켜서 만든다. 밀크셰이크의 전신이라고 할 수 있는 이 음료는 브루클린의 사탕 가게 주인이던 루이 오스터라는 사람이 개발했다고 전해진다. 사실 에그 크림이라는 이름은 번역상의 실수에서 비롯된 거라고 하는데, 유대 공용어인 이디시어의 에흐트echt('진짜real'를 뜻한다)가 에그egg로 바뀐 거라나. 확실한 건 이 음료가 세상에 나오자마자 어마어마하게 인기를 끌기 시작했다는 것이다. 뉴욕 에그 크림의 재료는 초콜릿 시럽(마니아들은 폭스Fox 사의 유-벳U-Bet이라는 제품만 진짜로 쳐준다)과 우유, 탄산수다. 이름에 에그가 들어가는 만큼 달걀을 옵션으로 선택할 수 있는데, 일단 넣으면 맛의 차원이 달라지니 도전해 볼 만하다. 아이젠버그는 이제 이 맛있는 음료를 마실 수 있는 거의 유일한 장소가 되었다.

아이젠버그는 역사와 전통, 문화유산이 가득한 아늑하고 멋진 곳이다. 근사한 루벤 샌드위치로 성찬을 즐기는 동네 사람들과 서로 인사를 나누며 즐거운 대화를 할 수 있다. 잔뜩 꾸민 멋쟁이 뉴요커가 아니라 진짜 이 동네 토박이들 말이다. 어디서도 찾을 수 없는 이곳만의 독특한 맛의 세계를 탐험해 보자.

EATALY NYC

이털리 뉴욕

주소: 200 5th Ave.(23rd St.와 24th St. 사이), NY 10010
전화번호: (212) 229-2560
영업시간: 매일 9:00a.m. - 11:00p.m.(커피 바 7:00p.m. - 11:00p.m.)
홈페이지: www.eataly.com/nyc

진정한 이탈리아를
맛보고 싶다면

파르미지아노 레지아노

이틸리 뉴욕에 들어서면 항상 왠지 모르게 압도당한다. 이렇게 다양하고 질 좋은 식재료를 한 곳에 몽땅 모아 두었다니, 흔치 않은 일이다. 보기만 해도 아찔한 규모의 메가 스토어에는 이탈리아의 장인들이 운영하는 자그마한 가게에서나 볼 수 있을 법한 귀한 식재료가 가득하다.

이틸리의 성공 비결은 단순하다. 그들은 그저 최고의 식재료만을 고집하는 열정과 맛있는 음식을 즐기던 취미를 직업으로 전환했을 뿐이다. 일을 벌이는 스케일이 좀 컸을 뿐이지.

이틸리는 이탈리아에 27개 지점을 운영 중이다. 해외 지점으론 일본에 13군데, 터키, 두바이, 한국에 각각 한 군데씩, 그리고 시카고에

한 군데가 있다. 하지만 뉴욕 5번가의 이털리가 최고다. 이탈리아 요리에 대한 꿈과 로망을 몽땅 갖춰 놓은 곳, 마치 맛의 대사관과도 같은 곳, 그게 바로 이털리다. 버펄로 젖은 마치 마술처럼 둥그런 모차렐라 치즈로 변신한다. 끝내주게 맛있다. 최고 품질의 밀가루와 최고 성능의 오븐이 만나 최고로 맛있는 빵을 구워 낸다. 싱싱한 생선과 갓 만든 생 파스타, 믿을 수 없을 정도로 훌륭한 육가공품들, 이탈리아 각 지역에서도 가장 뛰어난 생산자들이 공들여 만든 치즈가 그득히 쌓여 있다. 고르고 골라 모은 훌륭한 이탈리아의 먹거리가 완벽히 갖춰진 곳이 바로 이털리다.

보기만 해도 배가 고프다고? 하긴, 이털리를 구경하면서 속이 출출해지지 않는다면 얼른 의사에게 가 보는 게 좋다. 어쨌든 걱정 마시라. 거대한 이털리 뉴욕의 지붕 아래에 둥지를 튼 저 수많은 레스토랑에는 죽이게 맛있는 피자와 완벽한 파니니가 대기 중이다. 개성 넘치는 다양한 레스토랑들이 당신의 입맛을 일깨우며 진정한 이탈리아에 잘 왔다고 속삭여 줄 것이다. 특선 생선 요리와 파스타, 눈이 번쩍 뜨이는 고기구이, 심지어 누텔라 디저트 바까지 있으니….

이털리 뉴욕의 키워드는 조화로움이다. 헉 소리 나게 맛있는 파르미지아노 레지아노parmigiano reggiano 치즈를 살 때마다 이 단어를 새삼 떠올리게 된다. 왜냐고? 파르미지아노 레지아노, 즉 파르메잔parmesan 치즈는 온갖 다양한 이탈리아 요리들을 하나로 연결해 주는, 마치 연결고리 같은 역할을 하기 때문이다. 전통적인 요리든 모

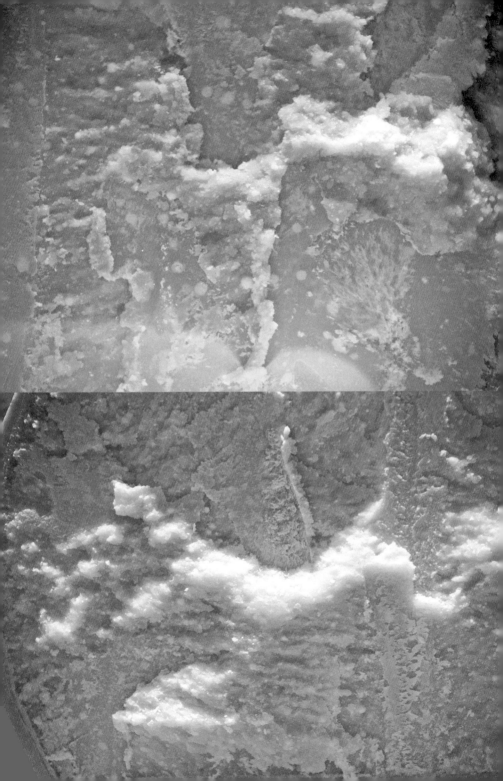

던한 요리든 가리지 않고 말이다. 이 치즈는 약 1200년경에 이탈리아 북부 파르마Parma 지역에서 처음으로 만들어졌고 오늘날에도 옛 생산방식 그대로를 고집한다. 1킬로그램의 치즈를 만들려면 16리터의 우유가 필요한데, 그 얘기는 큼직하고 둥그런 80파운드짜리 치즈 덩어리(약 36.3킬로그램)를 만드는 데 약 600리터의 우유가 필요하다는 소리다. 파르마 지역에선 약 30만 두의 소를 사육하는데 소들은 모두 각자 1년에 10개에서 11개가량의 큰 치즈 덩어리 분량의 우유를 생산한다. 특히 바카 로사(vacca rossa, '붉은 소'라는 뜻) 품종의 소에서 짠 젖은 가장 개성 있다고 평가받는다. 이틸리 뉴욕에서는 바카 로사의 젖으로 만든 최고 품질의 파르미지아노 레지아노 치즈를 살 수 있다. 프리마 스타지오나투라prima stagionatura 등급의 제품을 찾으면 된다. 이탈리아의 폭넓고 방대한 식문화, 그리고 그 안의 다양성을 느낄 수 있는 곳. 이틸리 뉴욕은 그런 곳이다.

파르미지아노 레지아노란

파르미지아노 레지아노는 이탈리아 북부 에밀리아로마냐 주 파르마가 원산지인 치즈로 지역 명을 따서 붙인 이름이다. 영어로는 파르메잔이라 하고 우리나라에서는 흔히 파르메산 치즈라고 부른다. 수분 함량은 30퍼센트 이하로, 치즈 중에서도 상당히 적은 편이다. 제조업체에 따라 차이가 있긴 하지만, 통에 든 가루 형태의 제품은 전분과 옥수수가루, 지방, 소금, 탈지분유, 합성 치즈 향에 매우 적은 양의 치즈를 섞어 만들기 때문에 이왕이면 파르미지아노 레지아노 치즈를 구비해 파스타, 샐러드, 피자 등에 직접 갈아 올리는 것이 몸에도 맛에도 좋다.

이털리는 어떤 곳일까?

이털리는 세계 최대 규모의 이탈리아산 식품매장이다. 레스토랑과 식음료 전문 코너, 베이커리, 도매 코너, 쿠킹 스쿨 등을 갖추고 있다. 2007년 오스카 파리네티가 이탈리아 토리노에 첫 매장을 열었고, 현재 이탈리아와 미국, 브라질과 터키, 일본, 독일, 두바이, 덴마크 등 세계 여러 나라에 매장이 있다. 우리나라엔 지난 2015년에 현대백화점 판교점에 입점했다(https://www.eataly.com).

4

ELEVEN MADISON PARK

일레븐 매디슨 파크

주소: 11 Madison Ave., NY 10010
전화번호: (212)889-0905
점심 영업시간: 금~일요일 정오 - 1:00p.m.
저녁 영업시간: 월~수요일 5:30p.m. - 10:00p.m. / 목~일요일 5:30p.m. -
10:30p.m.
홈페이지: www.elevenmadisonpark.com

셰프의 모든 요리를
맛볼 수 있는 테이스팅 메뉴

테이스팅 메뉴

매디슨 파크는 규모는 아담하지만 그 풍경만큼은 손꼽힐 만큼 아름다운 곳이다. 이 공원 주변엔 장엄한 분위기를 풍기는 큰 건물들이 늘어서 있다. 모두 아르데코 스타일의 건축물인데, 그 유명한 플랫아이언 빌딩도 빼놓을 수 없다.

크레디 스위스 빌딩(구 메트로폴리탄 라이프 빌딩)은 아름답기로 손꼽히는 곳인데, 뉴욕에서 가장 명성이 자자한 레스토랑을 그 안에 숨겨두고 있다. 일레븐 매디슨 파크 레스토랑 얘기다. 이 레스토랑은 지난 2006년 대니얼 흄 셰프를 영입했다. 대니얼 흄은 이미 스물다섯의 나이로 스위스의 가스트하우스 줌 거프Gasthaus Zum Gupf 레스토랑에서 미슐랭 별 1개를 받은 경력의 소유자다. 그를 영입한 것은 야심

만만하면서도 훌륭한 선택이었는데, 대니얼 흄이 그 자리를 맡자마자 이 도시를 사로잡을 만큼 놀라운 시너지 효과가 발휘되었기 때문이다. 1998년에 문을 연 일레븐 매디슨 파크 레스토랑은 이미 격조있는 와인 리스트와 아름다운 인테리어 등 좋은 레스토랑의 필수 요건을 모두 갖춘 상태였다. 여기에 걸맞은 훌륭한 음식만 있으면 게임 끝인 거였으니 당연한 일이다.

대니얼 흄은 2011년 일레븐 매디슨 파크를 인수해 기존 포맷을 바꾸어 현재의 모습으로 재구성했다. 이제는 알 라 카르트(à la carte, 단품요리)를 내놓지 않고 대신 환상적으로 대담하고 놀라운 테이스팅 메뉴로 사람들이 상상할 수 있는 맛의 한계를 시험한다.

대니얼 흄의 음식은 그를 좋아하는 사람뿐 아니라 안티까지도 끊임없이 놀라게 만든다. 특히 당근 타르타르는 맛도 훌륭하지만 요리 준비 과정을 볼 수 있다는 점이 재미있는데, 주문하면 테이블 옆에 고기 가는 기계를 가져와선 당근 두 개를 갈아 놓는다. 그다음 손님이 직접 고르는 여러 가지 양념으로 맛을 낸 다음 메추리알 노른자를 얹는다. 장식을 최소화한 개성 넘치는 요리들은 마치 스텔스 폭격기라도 되는 양 먹는 사람을 맛의 세계로 날려 버린다. 그야말로 독특한 경험이다. 그뿐인가, 디저트 타임엔 카드 마술까지 선보이며 즐겁게 해 주니 홀리지 않을 재간이 없다.

5

IVAN RAMEN SLURP SHOP

아이반 라멘 슬럽 숍

주소: 600 11th Ave.(44th St.와 45th St. 사이), NY 10036
전화번호: (212)582-7942
영업시간: 일~목요일 11:00a.m. - 11:00p.m. / 금~토요일 11:00a.m. - 자정
홈페이지: www.ivanramen.com/en/ivan-ramen-slurp-shop

도쿄식
시오 라멘 전문점

도쿄식 시오 라멘

아이반 오킨 셰프는 도쿄 세타가야 구의 라멘 전문점인 아이반 라멘의 오너다. 뉴욕 출신인 아이반 오킨은 일본에서 다년간 생활하는 동안 일식의 다양한 매력에 홀딱 빠졌다. 특히 그를 사로잡은 것은 섬세한 육수인데, 그중에서도 라멘 국물의 베이스가 되는 육수에 깊게 매혹되었다. 이걸 매일 먹는 일본인들은 그저 단순한 국물일 뿐이라 하겠지만 실은 놀라운 육수다. 그는 연구 끝에 과감히 호랑이굴에 들어가는 심정으로 도쿄에 라멘 가게를 열었다. 초반에는 대부분의 일본인이 회의적인 시선으로 바라보기만 했다. 하지만 순식간에 이 외국인이 라멘을 제대로 할 줄 안다는 소문이 퍼졌다. 사실 라멘이라고 하면 그저 진하고 맛있는 육수에다 면만 넣으면 되는 것 아니냐고 쉽게 생각하는 사람들도 있지만, 실제론 그렇게 만만한 음식이 아니다. 아이반이 최근에 펴낸 요리책《사랑, 집착, 그리고 레시피들Love, Obsession and Recipes》에 담긴 구구절절한 라멘 조리법들을 읽어 보면 이해가 갈 것이다.

라멘은 이제 어디서든 쉽게 만날 수 있는 음식이 되었다. 특히 뉴욕엔 괜찮은 라멘 전문점이 앞다투어 생기고 있다. 아이반 오킨 역시 뉴욕에 도쿄식 시오 라멘 전문점을 두 곳이나 오픈했는데, 그중 헬스 키친 지역의 고담 웨스트 마켓 지점이 특히 인상적이다.

도쿄식 시오 라멘을 만드는 건 쉬운 일이 아니다. 숙련된 기술이 필요하다. 정성스럽게 뽑은 가쓰오부시 육수와 닭 육수를 섞고 일본산 천일염으로 간한다. 여기에 손으로 반죽해 뽑은 면과 섬세하게 익힌 차슈까지, 모든 재료가 깊고 복합적인 풍미를 지닌다. 그래서 이집 라멘 맛이 어떠냐고? 먹자마자 곧바로 '한 그릇 더!'를 외치게 되는 맛이다. 살살 녹는 차슈와 부드럽게 흐르는 달걀 반숙 노른자가 그야말로 화룡점정을 찍는다. 기가 막힌다.

다른 레스토랑에서 이러면 눈총을 받을지 모르지만 아이반의 라멘집에서만큼은 마음껏 후루룩대며 먹어도 된다. 사실 라멘은 그래야 제맛이다. 용기를 내자, 후루룩!

시오 라멘이란?

일본 라멘의 종류는 매우 다양하다. 어떤 재료로 육수를 뽑는지,

어떤 면을 사용하는지, 라멘 위에 어떤 고명을 올리는지 등으로 구분할 수 있다. 시오 라멘은 라멘 육수의 간을 하는 방식에 따라 구분한 것이다. 시오塩는 소금을 뜻하는 일본어로, 시오 라멘은 닭이나 생선 또는 채소로 뽑은 맑고 투명한 육수에 소금으로 간해 만든 라멘이다. 그 외에 닭이나 채소 육수에 간장으로 간을 한 소유(醬油, 간장) 라멘, 기름기 있는 진한 닭 육수나 생선육수에 일본 된장을 풀어 간을 한 미소(味噌, 된장) 라멘 등이 있다.

CHELSEA MARKET

첼시 마켓

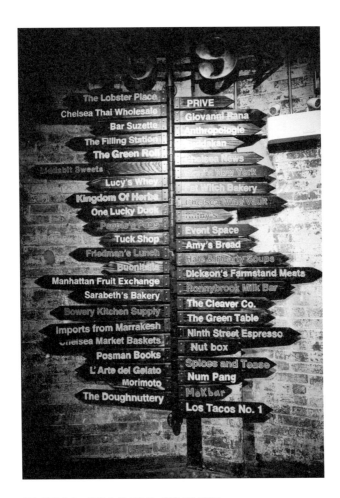

주소: 75 9th Ave.(15th St.와 16th St. 사이), NY 10011
전화번호: (212)652-2110
영업시간: 월~토요일 7:00a.m. - 9:00p.m. / 일요일 8:00a.m. - 8:00p.m.
홈페이지: www.chelseamarket.com

<h1 style="text-align:center">서른다섯 개의 먹거리
상점이 있는 곳</h1>

오레오 빌딩

뉴요커가 된 듯한 기분을 가장 빨리 느낄 수 있는 방법 중 하나는 일명 오레오 빌딩Oreo building에 들어가 첼시 마켓을 쭉 돌아보는 것이다. 오레오 빌딩은 실제로도 같은 이름의 과자와 관련이 있는데, 1890년부터 오레오를 비롯한 온갖 종류의 과자를 생산하는 공장으로 쓰였기 때문이다. 지금은 다양한 푸드 숍과 소규모 레스토랑, 베이커리가 잔뜩 입점한 흥미로운 공간으로 다시 태어났다. 다들 이 푸근하고 기분 좋은 첼시 마켓을 신나게 돌아다니며 느긋하게 대화를 나눈다. 여기서 만날 수 있는 먹거리들은 하나같이 질이 좋다. 사실 이 지역은 옛날 옛적 원주민 인디언들이 야생동물 고기와 농작물을 물물 교환하던 곳이기도 하다. 그 생각을 하니 유서 깊은 시장터라는 생각도 든다. 오레오 빌딩이 들어서기 전엔 이 위로 육류 도축업자와 가공업자들이 육가공품을 실어 나르던 고가 화물철도 노선이 지나다녔는데 현재는 하이 라인 공원The High Line으로 새롭게 태어났다. 첼시 마켓엔 약 서른다섯 개의 상점이 입점해 있고 매년 육백만 명 가량의 사람들이 이곳을 찾는다.

첼시 마켓에서 만날 수 있는 음식은 무척이나 다양한데, 특히 아침 식사나 브런치에 딱 좋은 메뉴들이 가득하다. 물론 점심으로도 그만이다. 먹거리 가게 사이를 산책하듯 느긋하게 돌아다니며 갓 만든 도넛과 딱 맛있게 익힌 로브스터, 직접 만든 소시지와 햄을 마음껏 먹고 아이스크림과 에스프레소의 유혹에 몸을 맡겨 보자. 다이어트 고민따위는 그만. 여기선 잠시 벨트를 풀고 나 자신을 내려놓아도 된다.

7

MORIMOTO

모리모토

주소: 88 10th Ave.(15th St.와 16th St. 사이), NY 10011
전화번호: (212) 989-8883
점심 영업시간: 월~금요일 정오 - 2:30p.m.
저녁 영업시간: 월요일 5:30p.m. - 10:00p.m. / 화~목요일 5:30p.m. - 11:00p.m. /
금요일 5:30p.m. - 자정 / 일요일 5:30p.m. - 10:00p.m.
홈페이지: www.morimotonyc.com

일본 음식에 목마른 사람에게
오아시스와 같은 곳

참치 대뱃살 타르타르

TV 프로그램 〈아이언 셰프Iron Chef〉 출연으로 유명해진 모리모토 마사하루 셰프는 히로시마 출신의 정통 일식 셰프다. 그는 고향에서 일식 레스토랑을 운영하다가 퓨전 스타일의 요리에 도전하기 위해 사업을 정리하고 미국으로 이주했다.

모리모토 셰프는 노부Nobu 레스토랑에서 경력을 쌓은 후 곧바로 필라델피아에 레스토랑을 오픈했고, 그다음 이곳 첼시에 두 번째 지점을 오픈했다. 첼시의 모리모토는 에릭 베이츠 셰프가 이끌어 나가고 있다.

모리모토 레스토랑은 숨 막히게 아름다운 인테리어와 화려한 조명도 멋지지만 무엇보다 요리의 수준이 최상급으로, 일본 음식에 목마른 이들에겐 오아시스와도 같은 곳이다. 에릭 베이츠는 모든 요리에 레스토랑의 철학을 고스란히 담아낸다. 수많은 손님 한 명 한 명을 위해 그 복잡한 일식 요리를 준비하는 직원들의 모습도 경탄스럽다. 모리모토 레스토랑의 음식은 하나같이 끔찍할 정도로 정교하기 때문이다.

에릭 베이츠는 통찰력과 성실함을 동시에 갖춘 인물로 자신이 원하는 것, 지향하는 지점을 확실히 아는 사람이다. 덕분에 이곳의 음식은 끊임없이 발전하고 있다. 모두 굉장히 일본적이면서도 다른 문화권의 음식에서 조금씩 영향을 받은 것들이다.

특히 베이츠 셰프의 참치 대뱃살 타르타르는 죽기 전에 꼭 한번 맛봐야 할 요리다. 참치의 가장 기름진 부위로 꼽히는 대뱃살은 그 명성만큼이나 귀한 대접을 받는 식재료지만 사실 일본에서도 이 부위를 먹기 시작한 건 그리 오래된 일이 아니다. 2차 세계대전 전까지만 해도 일본 사람들은 기름기가 많은 생선을 꺼렸는데, 도쿄 츠키지 생선 시장에선 이 귀한 대뱃살을 고양이에게 던져 주었다고 한다. 에릭 베이츠는 정통 일식 조리법으로 대뱃살 타르타르를 만드는데, 여기에 다양한 양념과 추가 재료를 근사한 쟁반에 함께 담아내어 손님이 직접 이 최고급 참치 대뱃살과 어울리는 재료 조합을 탐구할 수 있게 한다.

8

THE HALAL GUYS

더 할랄 가이즈

주소: 1300-1318 Ave. of the Americas (@53rd St.) - NY 10019
전화번호: (347) 527-1505
영업시간: (53rd St.와 6th Ave. '오리지널' 지점)_ 7:00a.m. - 4:00p.m. / 금~토요일
7:00a.m. - 5:00p.m. (53rd St.와 6th Ave. 지점)_ 10:00 a.m. - 4:00p.m. / 금~
토요일 10:00a.m. - 5:00p.m. (53rd St.와 7th Ave. 지점)_ 10:00 a.m. - 5:00p.m.
(East Village, NE-side of E 14th St.와 2nd Ave. 지점)_ 11:00a.m. - 5:00p.m. / 금~
토요일 11:00a.m. - 5:00p.m.

맛보려면 두 시간 이상
줄 서야 하는 노점상

기로스와 치킨을 올린 쌀밥

맨해튼 길거리에 사람들이 길게 줄을 서서 기다리고 있다면 분명
둘 중 하나다. 택시 정류장이거나 엄청 맛있는 음식 노점이 있거나.

더 할랄 가이즈에는 심지어 보안 담당 직원까지 있다. 길거리 노점
인데도 말이다. 몇 년 전 새치기를 하려던 사람이 기다리던 손님들과
시비가 붙은 끝에 칼에 찔려 사망하는 사건이 일어난 이후 취해진 조
치다.

이 잘나가는 노점(동네 사람들은 '치킨&라이스'라고 하거나 '6번가와 53번
로 사이'라고 해도 다 알아듣는다)은 1990년부터 지금 이 자리에서 쭉 영
업 중이다. 덕분에 이 주변, 시어터 디스트릭트 곳곳엔 길고 긴 대기
줄이 끊이질 않는다. 이집트 출신의 오너 모하메드 아불레닌은 원래

핫도그 노점을 운영했지만 딱히 큰 재미를 보지 못했는데, 2년쯤 후에 기로스gyros와 치킨을 올린 쌀밥으로 주 종목을 바꾸어 대성공을 거두었다. 마요네즈와 요거트의 중간쯤 되는 화이트 소스와 매운 빨간 소스(이게 있어야 기로스가 제 맛이 난다), 이 두 가지 비밀 재료가 제 몫을 톡톡히 한다.

그리스 전통 음식인 기로스는 구운 쇠고기나 양고기를 잘라서 양념해 만든다. 아랍 지역의 음식 샤와르마shoarma나 멕시코의 타코 알 파스토르taco al pastor와도 비슷하다. 세 가지 음식 모두 터키의 되네르 케밥Döner Kebab에서 유래한 것으로, 넓적하게 편 고기를 양념해 길고 굵직한 꼬치에 꿰어 쌓아 올려 큰 덩어리 형태로 만든 후 겉부터 익히다 주문이 들어오면 얇게 썰어 빵이나 토르티야 등에 넣고 돌돌 말아 먹는다.

더 할랄 가이즈의 인기는 그야말로 끝이 없다. 크리스마스이브 저녁에 이곳 음식을 먹겠다고 두 시간 반 동안 추위에 덜덜 떨며 줄을 섰다는 아주 유명한 셰프 이야기라던가 최근 뉴욕 대학에 이 노점 음식에 매료된 학생들이 동호회를 만들었다는 이야기만 들어도 감이 올 것이다.

무슬림의 음식, 할랄이란?

할랄Halal은 '허용된'이라는 뜻의 아랍어로, 이슬람법에 의해 먹어도 된다고 허용된 음식을 할랄이라고 한다. 반대로 금지된 식품은 하

람Haram이라고 하며, 돼지고기와 동물의 피, 육식 동물과 맹금류, 알코올성 음식 등이 하람에 속한다. 섭취 가능한 동물이라도 이슬람 도축 방식인 다비하Dhabihah에 따라 도축해야만 먹을 수 있는데, 피를 완전히 빼는 방식의 도축법이다. 이런 규율을 지켜 생산한 제품엔 할랄 인증 마크를 붙일 수 있는데 식품뿐 아니라 의약품, 화장품 등에도 똑같이 적용된다. 할랄은 무슬림의 삶 전반에 적용되는 율법이라 우리나라 기업이 생산하는 제품을 무슬림 거주 지역에 수출 및 판매를 하려면 반드시 할랄 인증을 받아야 한다. 국내 품질 인증 마크는 통하지 않는다. 인증기관은 나라마다 다른데 우리나라는 용산구 한남동 한국 이슬람교중앙회에서 주관한다.

더 할랄 가이즈 한국 지점

더 할랄 가이즈는 2016년 12월 한국에 첫 매장을 오픈했다.
주소: 용산구 이태원로 187; 2층.
전화번호: 02)794-8308
홈페이지: http://thehalalguys.co.kr

9

BUDDAKAN

부다칸

주소: 75 9th Ave.(@16th St.), NY 10011
전화번호: (212)989-6699
영업시간: 월~화요일 5:30p.m. - 11:00p.m. / 수~목요일 5:30p.m. - 자정 / 금~
토요일 5:30-1:00a.m. / 일요일 5:00p.m. - 11:00p.m.
홈페이지: www.buddakannyc.com

아시아 스타일
요리 음식점

소프트 쉘 크랩

부다칸 레스토랑은 무슨 007 영화에 나올 법한 미친 중국인 백만 장자 악당을 피해 만든 대피소 같다. 나는 잘생긴 첩보원이 된 심정으로 이 레스토랑에 첫발을 디뎠다.

계단을 따라 지하 세계로 내려간다. 계단은 중국풍 벽지로 장식한 무척 위엄 있는 공간을 관통하며 그 아래의 지하 무덤 같은 곳으로 쭉 이어지는데, 한 걸음 한 걸음 걸어 내려갈 때마다 왠지 정말 이곳의 직원들이 나를 안전한 대피소로 데려가 주는 것 같은 느낌이 든다.

부다칸 레스토랑을 가득 메운 멋쟁이 뉴요커들(아마 여긴 뉴욕에서 제일 물 좋은 곳일 것이다)은 하나같이 스마트폰을 들여다보느라 정신이 없다. 데이트 상대가 대체 어디쯤 왔는지, 언제쯤 도착하는지 알아보는 모양이지. 이 뽕이라도 맞은 듯 근사하고 정신없는 중국풍 인테리어는 유명한 프렌치 셰프 장 조지의 레스토랑들을 디자인한 프랑스 디자이너가 맡았다.

이 초 거대 나이트클럽 겸 레스토랑은 모던한 아시아 스타일 요리를 내놓는다. 사실 '모던 아시아' 어쩌고 하는 것들은 대부분 그 수준이 끔찍하기 짝이 없지만 부다칸은 다르다. 바로 옆 동네가 차이나타운이다 보니 자칫하다간 진짜 중국 음식과 비교당하기 딱 좋은데, 부다칸의 음식을 먹어 보면 딱히 그럴 일은 없을 거란 걸 알 수 있다.

제대로 만든 훌륭한 딤섬은 물론 바삭바삭한 소프트 쉘 크랩도 맛있다. 기분 좋게 산뜻한 맛이다. 히카마jicama와 수박으로 만든 샐러드엔 베트남의 피쉬 소스인 느억맘nuoc mam을 딱 적절히 넣어 단맛이 과해지지 않도록 균형을 기막히게 잘 잡았다. 히카마는 최근 들어 인기가 높아지고 있는 뿌리식물인데, 생김새는 팽이와 비슷하고 속살은 달달하며 아삭거린다. 부다칸의 메뉴는 자주 바뀌는 편이지만 뭘 먹어야 할지 걱정할 필요는 없다. 이곳의 직원들이 기꺼이 가장 인기있는 음식들을 추천해 줄 것이다.

10

TORO

토로

주소: 85 10th Ave., NY 10011
전화번호: (212)691-2360
영업시간: 월~수요일 5:30 p.m. - 10:00p.m. / 목~토요일 5:30p.m. - 11:00p.m. /
일요일 5:30p.m. - 10:00p.m.
홈페이지: www.toro-nyc.com

싱싱한 재료로 만든
진짜 스페인의 맛

콩을 곁들인 모르칠라

근사한 하이 라인 공원 아래, 그리고 14번가의 무척 아담한 세인
트 파크가 마치 앞마당처럼 펼쳐져 있는, 토로 레스토랑의 위치는 정
말 좋다.

뿐만 아니라 이 바로 옆은 첼시 마켓이라 수많은 사람이 오간다.
그러니 여긴 마치 바르셀로나의 인기 있고 북적대는 타파스tapas 바
처럼 보이기도 한다. 뉴욕 첼시 한가운데 환생한 타파스 바! 첼시 마
켓 건물을 비롯한 이 주변 건물들은 예전에 나비스코 과자 공장으로
쓰였고 오레오를 비롯한 다양한 과자를 생산했다. 토로에 앉아 커다
란 유리창 너머로 이 도시의 풍경을 바라보고 있으면 왠지 지금도 그
시절의 분위기가 느껴진다. 레스토랑의 내부 공간은 다양한 스타일

로 장식되었는데, 연인끼리 오붓하게 식사를 즐기든 친구들과 우르르 모여 타파스 축제를 벌이든 어느 쪽에나 잘 맞는다. 맛있는 음식과 함께라면 와인이 콸콸 들어갈 것이다.

토로의 타파스는 모던함과 전통적 스타일을 모두 갖추었다. 이 지역에서 재배한 싱싱한 재료로 만든 진짜 스페인의 맛이다. 특히 몇몇음식은 바르셀로나에서도 진짜배기로 인정받은 타파스 바에서나 맛볼 수 있는 것들이라, 이곳의 셰프인 제이미 비쇼넷이 스페인계가 아니라는 게 신기할 정도다. 그중 대표적인 것은 보카딜로 데 에리조스 bocadillo de erizos로 번역하자면 성게알을 넣은 샌드위치다. 성게알 수급이 가능할 때만 만들 수 있으니 만약 오늘의 추천 메뉴에 요 샌드위치가 올라와 있다면 두 번 생각하지 말고 무조건 주문해야 한다.

토로의 음식들을 마주하면 바르셀로나의 단골집이 떠오른다. 라피네다 La Pineda라는 80년 된 육가공품 전문점인데 나처럼 고기를 사랑하는 사람이라면 누구나 여기가 천국인가 싶을 것이다. 작디작은가게 안에는 주저앉기 직전의 낡은 의자와 테이블 몇 개가 놓여 있을뿐이고 천장에는 큼직한 하몽이 무슨 문화재마냥 주렁주렁 매달려있다. 어찌나 옛날 모습 그대로인지. 항상 북적거리는 바르셀로나 구시가지에 있는 가게이지만 관광객들은 거의 찾아볼 수 없는, 토박이들만 아는 곳이다. 한번 갔다 하면 언제나 터질 듯한 쇼핑백을 끌어안고 신나게 나오곤 한다. 이 집의 육가공품들이야말로 진정한 바르셀로나 여행의 기념품이다. 뭐든 다 맛있지만 그중에서도 양의 선지

로 만든 모르칠라morcilla야말로 한번 맛보면 잊을 수 없을 명물이다.

그런데 놀라운 사실은, 토로의 모르칠라가 라 피네다의 것과 똑같은 맛이라는 사실이다. 세상에, 이렇게 기쁠 수가. 모르칠라를 요리하는 건 간단하다. 그저 살짝 찐 다음 담백한 잠두콩을 곁들여 먹는 게 최고다. 토로에서는 여기에 양젖으로 만든 신선한 리코타 치즈를 더해 마법 같은 맛을 낸다. 바르셀로나와 뉴욕 두 도시는 드디어 새로운 공통점을 찾았다. 환상적인 타파스 바를 갖추고 있다는 것!

타파스란?

타파스란 작은 접시에 소량의 음식을 담아 판매하는 방식으로 스페인의 술집이자 식당인 바르bar의 특징적인 식문화다. 타파스는 스페인어로 뚜껑을 뜻하는 tapa에서 유래한 용어로, 카미노 데 산티아고Camino de Santiago를 걷는 순례자들에게 작은 냄비 뚜껑에 다양한 음식 샘플을 조금씩 담아서 제공하던 풍습에서 유래했다는 설이 있다. 타파스의 종류는 초리조, 올리브, 안초비 같은 간단한 안줏거리에서부터 샌드위치나 각종 튀김, 스튜 등 따뜻한 요리까지 무궁무진하다. 스페인 북부 바스크 지방에서는 핀초pintxo를 흔히 먹는다. 타파스와 비슷한 형태로 재료를 꼬치에 꿰어 높이 쌓아 올리는 것이 특징이다.

11

BODEGA NEGRA

보데가 네그라

주소: 335 W. 16th St.(8th, 9th Ave. 사이), NY 10011
전화번호: (212)229-2336
영업시간: 일~수요일 5:30p.m. - 자정 / 목~토요일 5:30p.m. - 1:00a.m.
홈페이지: www.bodeganegranyc.com

멕시코 요리의
외교관 역할을 제대로 하는 곳

방어 세비체

세계에서 제일 저평가된 요리를 꼽자면 역시 멕시코 요리가 아닐까? 유네스코 세계문화유산으로 지정되어 보호받는 식문화인데도 말이다. 불량 옥수수가루로 만든 맛대가리 없는 토르티야라던가 엉망으로 삶아 곤죽이 된 콩 때문에 이 훌륭하고 다양한 멕시코 요리가 못 먹을 음식 취급을 받는 건 정말이지 화가 난다.

멕시코 요리는 원주민인 메소아메리카인의 식문화에 스페인의 입김이 더해져 탄생했다. 제국주의자인 스페인 정복자들은 아스테카 문명을 쓸어버렸듯 멕시코의 음식마저 완전히 스페인식으로 바꾸어버리려고 했지만 생각처럼 되지 않았다. 오히려 스페인의 식문화가 이 지역 식재료와 조리법에 자연스럽게 녹아들어 훨씬 더 멋지고 다양하게 진화했다. 오늘날의 멕시코 요리는 이렇게 세상에 등장하게 되었다.

보데가 네그라의 공동 경영자들은 드림 다운타운 호텔Dream Downtown hotel을 보자 여기가 레스토랑을 열기에 딱 좋은 장소라는 것에 의견 일치를 보았다. 마리아치 기타와 테킬라 나무통을 쌓아 올리고, 반짝이는 동전과 거울 조각을 잔뜩 붙인 디스코 볼을 매다는 등 화끈한 멕시코 분위기의 인테리어 장식은 마치 서커스나 놀이공원처럼 엉뚱하면서도 경박스럽지만 완벽하게 어울린다. 보데가 네그라는 런던에도 지점이 있는데 그곳 분위기는 사뭇 다르다. 섹스 숍 내지는 성인들을 위한 야한 쇼를 여는 곳 같은 느낌이랄까. 하여간 영국인들의 욕구불만이란….

보데가 네그라의 셰프 마이클 암스트롱은 유카탄(Yucatán, 멕시코 남동부 지역) 요리 전문가다. 그의 음식은 무척 인상적인데, 완전히 전통적인 것이라기보다는 다양한 스타일을 살짝 접목해, 멕시코 음식 특유의 생기발랄하고 화사한 맛이 제대로 살아 있다. 하바네로 고추와 구운 토마토를 넣은 퀘사디야는 제대로 구운 맛있는 피자와 비교할 수 있을 만큼 훌륭하고, 바삭바삭 부드러운 소프트 쉘 크랩을 넣은 타코는 베이징 덕을 생각나게 한다. 굉장하다. 보데가 네그라 레스토랑은 멕시코 요리의 외교관 역할을 제대로 하는 곳이다. 참고로 바로 옆엔 일렉트릭 룸Electric Room이라는 끝내주는 술집이 있으니 보데가 네그라에서 1차를 하고 이곳에서 2차를 하면 완벽하다.

그 외의 추천 장소 - 미드타운 웨스트

12 **OOTOYA CHELSEA** 오오토야 첼시
주소: 8 W. 18th St.(5th Ave.와 6th Ave. 사이), NY 10011
전화번호: (212)255-0018
홈페이지: www.ootoya.us
추천 메뉴: 로스카츠 정식

13 **ANEJO TEQUILERIA** 아네호 테킬레리아
주소: 668 10th Ave.(47th St.), NY
전화번호: (212)920-4770
홈페이지: www.anejonyc.com
추천 메뉴: 얇게 펴 바삭하게 구운 토르티야에 으깬
콩, 돼지비계, 양상추, 아보카도, 다진 고기, 치즈,
살사 등을 얹은 틸라유다Tlayuda

14 **CITY SANDWICH** 시티 샌드위치
주소: 649 9th Ave., NY 10036
전화번호: (646)684-3943
홈페이지: www.citysandwichnyc.com
추천 메뉴: 포르투갈 스타일 샌드위치

15 **MAREA** 마레아
주소: 240 Central Park S.(Broadway St.와 7th Ave. 사이),
NY 10019
전화번호: (212)582-5177
홈페이지: www.marea-nyc.com
추천 메뉴: 점보 크랩과 성게알, 바질을 넣은 스트
로차프레티(Strozzapreti, 안쪽으로 살짝 말려 있는 형태
의 파스타)

16 **ROBERTS AT THE PENTHOUSE CLUB** 로버츠 앳
더 펜트하우스 클럽
주소: 603 W. 45th St.(11th Ave.와 12th Ave. 사이)
전화번호: (212)245-0002
홈페이지: www.penthouseclubny.com/steakhouse.
nxg
추천 메뉴: 포터하우스 스테이크와 어니언 링

17 **DAISY MAY'S BBQ USA** 데이지 메이스 비비큐 유에
스에이
주소: 623 11th Ave.(46th St.), NY 10017
전화번호: (212)977-1500
홈페이지: www.daisymaysbbq.com
추천 메뉴: 돼지목살 바베큐

18 **GRAMERCY TAVERN** 그래머시 타번
주소: 42 E. 20th St.(Broadway St.와 Park Ave. S 사이),
NY 10003
전화번호: (212)477-0777
홈페이지: www.gramercytavern.com
추천 메뉴: 선골드sungold 품종 토마토와 꽈리고추
를 넣은 옥수수 커스터드

19 **PAM REAL THAI** 팜 리얼 타이
주소: 404 W. 49th St., NY 10019
전화번호: (212)333-7500
홈페이지: www.pamrealthaifood.com
추천 메뉴: 소꼬리 수프

1

SUSHI YASUDA

스시 야스다

주소: 204 E. 43rd St.(2nd Ave.와 3rd Ave. 사이), NY 10017
전화번호: (212)972-1001
영업시간: 월~금요일 정오 - 2:15p.m, 6:00p.m. - 10:00p.m. / 토요일 6:00p.m. -
10:00p.m.
홈페이지: www.sushiyasuda.com

최고의 한입,
일본 초밥 전문점

성게알 초밥

"내 인생은 이 집 초밥을 먹기 전과 후로 나뉘는 것 같아." 스시 야
스다의 성게알 초밥을 먹고 난 후 친구가 한 말이다. 이미 유럽 곳곳
의 수많은 일식당을 다녀 보았고, 스시 야스다 초밥이 얼마나 맛있는
지 내가 미리 호들갑을 잔뜩 떤 후였는데도 말이다. 기대치가 높아지
면 막상 음식을 먹을 땐 실망하게 되는 경우가 많다. 하지만 이곳에
서 초밥을 맛본 후 친구는 완전히 다른 차원의 세계에 발을 들여놓은
듯한 표정이 되었다.

지난 2000년에 문을 연 스시 야스다는 좋은 초밥 전문점이란 어떤
곳이어야 하는지, 그 좋은 예를 직접 보여 준다. 밝은 색 나무를 주로
사용한 미니멀한 실내 장식, 일본 특유의 각 잡힌 주방 위계질서, 세

계 곳곳에서 온 신선한 생선과 해산물, 훌륭한 사케, 그리고 재능 있고 의욕이 넘치는 셰프까지, 모든 걸 다 갖춘 곳이다.

초밥은 무척 오랜 역사를 가진 음식이며, 계속 진화하고 있다. 일본에서 완벽한 초밥을 만드는 장인이 되기 위해선 최소한 10년에서 15년 이상의 수련이 필요하다. 그리고 그중에서도 아주 소수만 쇼쿠닌職人이라는 칭호를 받을 수 있다. 쇼쿠닌은 뛰어난 수공예 장인 중에서도 특히 더 높은 경지에 이른 사람에게만 부여되는 명예다. 일본 내에서가 아니라면 쇼쿠닌 급 셰프의 초밥을 먹기 쉽지 않지만 스시 야스다에서는 가능하다.

초밥을 먹는다는 것은 새로운 감각을 깨우는 경험과도 같다. 스시 야스다의 문을 열고 들어서는 순간 정신 사나운 미드타운 이스트에서 벗어나 휴식을 취한다는 느낌이 든다. 시끄러운 그랜드 센트럴 기차역에서 고작 몇 발자국 떨어진 곳에 이런 고요한 장소가 있다니. 자리에 앉으면 환영의 의미로 물 한 잔을 먼저 내어 주는데, 100년 넘은 떡갈나무로 만든 희귀한 숯인 비장탄備長炭 필터로 걸러낸 물이다. 이곳은 언제나 만석이지만 직원들 모두 신기할 정도로 조용하고 침착하다. 초밥을 쥐는 요리사들은 마치 쌀과 생선으로 마술을 보여 주는 것 같다. 극도로 높은 집중력을 발휘하는, 마치 초밥과 한 몸이 된 것 같은 사람들이다. 완벽한 초밥이란 단순히 각각의 재료를 조합한다고 해서 만들어지는 게 아니라 재료 간의 시너지 효과가 필요한 음식이다. 스시 야스다의 초밥을 먹는 것은 다양한 코스로 이루어진 요리를 한입에 넣고 맛보는 것과도 같다. 초밥의 밥 부분은 깃털같이 가볍다. 폭신한 구름 같기도 하다. 어쩌면 이렇게 딱 적당한 온도를 맞추어 밥을 쥔 것일까?

그냥 신선한 정도가 아니라 초 신선한 생선들 모두 하나같이 넋을 잃게 될 만큼 맛있다. 뭘 먹어야 할지 고민하지 않을 수가 없는데, 추천 메뉴를 꼽자면 코끼리조개와 붕장어, 스페인산 고등어, 학꽁치, 체리스톤 조개, 가리비, 그리고 무엇보다 성게알이다. 성게알 초밥이든 성게알 김말이든, 어떻게 먹든 간에 맨해튼에서 맛볼 수 있는 최고의 한입이 될 것이다.

훌륭한 초밥 전문점이 대부분 그렇듯 스시 야스다 역시 테이블 위에 간장이 놓여 있지 않아 처음에는 어리둥절할 수 있다. 이곳의 모든 초밥은 전문 요리사가 딱 적당한 양의 간장을 직접 발라서 내놓으니 먹기만 하면 된다. 그리고 역시 다른 훌륭한 초밥 전문점들처럼 예술적으로 접은 냅킨도 인상적이다. 이걸 보니 초밥이란 역시 맨손으로 먹는 음식이라는 걸 새삼 깨닫게 된다. 그냥 덥석 잡는 게 아니라 손가락 끝으로 살짝, 그럼 더 좋다.

오너 셰프였던 나오미치 야스다는 현재는 일본으로 돌아가 도쿄에서 초밥 전문점을 운영하고 있다. 그에 따라 11년간의 부주방장 경력을 쌓은 미츠라 타무라 셰프가 스시 야스다의 주방을 총지휘한다. 스시 야스다는 일본 밖에서 만날 수 있는 최고의 초밥 전문점이다.

2

HAANDI
한디

주소: 113 Lexington Ave.(27th와 28th St. 사이), NY 10016
전화번호: (212)685-5200
영업시간: 매일 10:00a.m. - 4:00a.m.

제대로 된 인도 음식이
먹고 싶어진다면

치킨 티카

맨해튼에 살고 있지만 차가 없는 뚜벅이가 제대로 된 인도 음식이
먹고 싶어진다면 어떻게 해야 할까? 리틀 인디아가 있는 뉴저지의 잭
슨 하이츠나 퀸즈의 플로럴 파크 같은 곳까지 헉헉대며 걸어 올라가
야 할 거라고? 걱정 마시라. 의외로 가까운 곳에 리틀 인디아의 축소
판이 있다는 사실!

28번가, 그러니까 머레이 힐과 렉싱턴 애비뉴 주변의 작은 공간은
인도 레스토랑들이 여럿 모여 있어 일명 '커리 언덕'이라는 애칭으
로 불리는 곳이다. 쌀가루와 렌틸콩 가루로 만드는 얇은 부침개인 도
사에서 파키스탄식 케밥까지, 여기선 인도 음식 하면 으레 떠오르는
모든 것을 만날 수 있다. 맛있는 먹거리들이 가득한 풍요로운 남인도

마켓은 덤이다.

나는 닭이라면 뭘 어떻게 요리하든 간에 전부 환장하는 사람이지만 그중에서도 최고는 역시 치킨 티카chicken tikka라고 생각한다. 장어 요리야 다 맛있지만 일본식 가바야키(蒲燒, 장어 뼈를 바르고 토막을 쳐 양념을 발라 꼬챙이에 꿰어 구운 것)가 최고인 것처럼 말이다. 그 향기며 맛이며 생김새까지, 치킨 티카는 그 어떤 닭고기 요리와도 비교할 수 없다. 탄두리 치킨의 뼈 없는 버전이라고 할 수 있는데, 탄두리 치킨 하면 당연히 인도를 떠올리게 되지만, 실은 1526년에서 1757년까지 북인도를 지배한 페르시아의 무굴 제국에서 유래한 음식이다. 무굴 제국은 칭기즈 칸의 직계 후손들로 이슬람교가 국교인 무슬림들인데, 당시 인구가 이미 1억 5천만 명으로 그 영향력은 진정 어마어마했다.

인도 카슈미르와 펀자브 지방에 널리 퍼진 무굴 제국의 음식 문화를 무글라이Mughlai 퀴진이라고 부른다. 특히 입 안에서 팡팡 터지는 향기로운 탄두리 치킨은 제국이 서서히 쇠퇴해 갈 무렵인 18세기 초, 이미 이 지역 무슬림들에게 무척 인기 있는 음식이 되었다.

북인도 사람들과 파키스탄 사람들의 심금을 울린 이 요리는 내 심금도 제대로 울린다. 우선 뼈를 발라낸 닭다리 살을 요거트와 라임(또는 레몬) 즙에 절여서 준비한다. 이때 싱싱한 허브와 온갖 향신료도 듬뿍 넣어 잘 섞는다. 그다음 뜨거운 탄두리 오븐에 고기를 집어넣고 잠시 놔두면 마법 같은 일이 벌어진다. 요거트와 라임 즙이 닭고기 육질을 아주 부드럽게 만들어 주는 것이다. 탄두리 오븐의 온도는 섭

씨 약 500~600도로 엄청나게 높아서 오래 기다릴 필요가 없는데, 그 잠깐 사이에 이 불처럼 시뻘건 닭고기 요리가 탄생한다. 맛의 새로운 차원이 열린다.

무척이나 친절한 한디의 주인장 알리는 업계에서 꽤 잔뼈가 굵은 사람이다. 이 맛있는 레스토랑을 어떻게 알게 되었냐고? 일전에 근처를 지나가다 수많은 인도인 택시 기사들이 여기서 맛있게 식사를 하는 모습을 보곤 옳거니, 이 집 맛있나 보다 하며 문을 열고 들어갔다. 택시 기사들의 하루 일과에서 맛 좋은 한 끼 식사는 굉장히 중요한 비중을 차지한다. 마치 차에 기름을 넣는 것 같은 일이다. 그렇게 우연히 발견한 이곳은, 진짜 대박이다. 뷔페식으로 먹을 수도 있고 다양한 단품 요리를 하나씩 주문할 수도 있다. 좀 더 과감한 음식에 도전하고 싶다면 마가즈 마살라 Magaz masala가 딱이다. 반으로 가른 양 머리로 만든 커리인데, 두개골에서 곧바로 떠낸 싱싱한 뇌와 볼살, 혀가 들어 있다. 한디의 다양한 케밥 메뉴들은 하나같이 양념도 완벽하고 씹는 맛도 좋다. 하지만 역시, 무엇보다 치킨 티카와 탄두리 치킨이 최고다. 이걸 먹기 위해서라면 기꺼이 1마일이라도 더 달릴 수 있다.

Central Park
Times Square
MoMA
Bryant Park
Grand Central Terminal
Chrysler Building
Penn Station
Empire State Building
United Nations Building
St Vartan's Park
East River
Madison Square Park
Gramercy Park
Union Square Park
5 AV - 59 ST
LEXINGTON AV- 63 ST
57 ST - 7 AV
57 ST
7 AV
50 ST
LEXINGTON AV- 59 ST
59 ST
49 ST
47ST - 50ST
5 AV- 53 ST
LEXINGTON AVENUE - 53 ST
51 ST
42 ST - PORT AUTHORITY
42 ST - TIMES SQ
42 ST - BRYANT PARK
5 AV
GRAND CENTRAL - 42 ST
34 ST - PENN STATION
34 ST - HERALD SQ
28 ST
33 ST
23 ST
28 ST
23 ST
23 ST
14 ST - UNION SQ
0
500 m
N

그 외의 추천 장소 - 미드타운 이스트

③ THE GANDER 더 갠더
주소: 15 W. 18th St., NY 10011
전화번호: (212)229-9500
홈페이지: www.thegandernyc.com
추천 메뉴: 간 고기와 당근, 양파 등을 양념해 작은 공 모양으로 빚어 튀긴 쇠고기 양지 토츠Beef brisket tots

④ KAJITSU 카지츠
주소: 125 E. 39th St.(Lex Ave.와 Park Ave. 사이)
전화번호: (212)228-4873
홈페이지: www.kajitsunyc.com
추천 메뉴: 일본의 사찰 요리인 쇼진精進 요리 풍 오마카세

⑤ DHABA 다바
주소: 108 Lexington Ave.(27 St.와 28 St. 사이), NY 10016
전화번호: (212)679-1284
홈페이지: www.dhabanyc.com
추천요리: 인도 펀자브 지역의 치킨 요리인 펀자브 다 무르그Punjab da murgh

⑥ TIFFIN WALLAH 티핀 왈라
주소: 127 E. 28th St.(Lex Ave.와 Park Ave. 사이), NY 10016
전화번호: (212)685-7301
홈페이지: www.tiffindelivery.us
추천 메뉴: 남인도 특선 메뉴들

⑦ UNION SQUARE CAFÉ 유니언 스퀘어 카페
주소: 21 E. 16th St.(5th Ave.와 Union Square W 사이), NY 10003
전화번호: (212)243-4020
홈페이지: www.unionsquarecafe.com
추천 메뉴: 매콤한 토마토 소스와 주키니, 바질, 레몬을 넣은 아이올리 소스를 곁들인 소프트 쉘 크랩Crispy Soft Shell Crab, spicy Tomato Sauce, Zucchini, Basil, Lemon Aiol

⑧ AUREOLE 오리얼
주소: 34 E. 61st St., NY 10036
전화번호: (212)319-1660
홈페이지: www.charliepalmer.com/aureole_new-york
추천 메뉴: 테이스팅 메뉴 코스

⑨ PENELOPE 페넬로페
주소: 159 Lexington Ave., NY 10016
전화번호: (212)481-3800
홈페이지: www.penelopenyc.com
추천 메뉴: 치킨 팟 파이

⑩ MAIALINO 마이알리노
주소: 2 Lexington Ave., NY 10010
전화번호: (212)777-2410
홈페이지: www.maialinonyc.com
추천 메뉴: 초콜릿 크루아상 브레드 푸딩

SPICE MARKET
스파이스 마켓

주소: 403 W. 13th St.(9th Ave.와 만나는 코너에 위치), NY 10014
전화번호: (212)675-2322
영업시간: 일~수요일 11:30a.m. - 자정 / 목~토요일 11:30a.m. - 1:00a.m.
홈페이지: www.spicemarketnewyork.com

주 재료와 향신료의
절묘한 조화

치킨 사모사와 코리앤더 요거트

장 조지 봉게리히텐 셰프는 여러 면에서 무척 대단한 사람이다. 특히 불가사의할 만큼 다재다능하고 오픈 마인드를 지녔다는 점에서 그렇다. 순수 정통 요리 교육을 받은 셰프 중 이렇게 개방적인 사람은 흔치 않다.

장 조지는 프랑스 동북부 스트라스부르 근처, 알자스 지방 토박이다. 그는 폴 에베를랑과 폴 보퀴즈 같은 우리 시대 최고의 정통 프랑스 셰프들과 일하며 요리 기술을 연마했다.

오래전부터 동양의 풍미에 대해 깊은 열정과 호기심을 품어온 장 조지는 3년간의 집중적인 향신료 탐구 끝에 지난 2003년 스파이스 마켓을 오픈했다. 그동안 쌓아 온 열정을 한 번에 터트린 셈이다. 여러 나라에 있는 장 조지의 레스토랑(미국, 중국, 홍콩, 프랑스, 일본, 멕시코, 두바이 등에 지점이 있다)을 그동안 꽤 여러 번 방문하면서 느낀 것인데, 장 조지는 두 가지 면에서 특히 출중하다. 첫 번째는 식재료와 향신료, 양념의 조합에 무척 뛰어나다는 것이다. 그는 이미 미슐랭 별 3개를 받으며 능력을 충분히 인정받았고, 스파이스 마켓에서도 여지없이 그 실력을 발휘한다. 그리고 그 못지않게 중요한 두 번째는 각 레스토랑에 딱 맞는 인재를 찾아 더욱 높은 레벨에 이를 수 있도록 동기를 부여하는 재주가 있다는 것이다.

사모사 samosa라는 음식 이름은 페르시아어 산보사그 sanbosag에서 유래한 것이다. 11세기 이란의 역사가 아불-파즐 베이하키 Abolfazl Bayhaqi의 글에 언급된 것이 문헌에 실린 최초의 기록이라고 알려져 있다. 사모사는 13세기에서 14세기 사이에 아랍 상인들에 의해 세계 곳곳으로 퍼져 나갔는데, 다양한 문헌 속에 끊임없이 언급되었으며 심지어 그 맛을 칭송하는 노래가 지어질 정도로 역사 속에서 꾸준히 존재감을 발휘했다. 인도 델리의 궁정 시인 아미르 쿠스로 Amir Khusro의 시에는 사모사의 재료가 상세하게 묘사되어 있는데, 고기와 기 버터, 양파와 아몬드, 그리고 향신료 등이다. 16세기 무굴 제국의 문헌인 아인-이-아크바리 Ain-i-Akbari에도 사모사의 원형이라고 할 만한 음식이 등장한다. 쿠타브 qutab라는 것으로 힌디어로는 산부사 sanbúsah라고 부른다. 북인도와 파키스탄의 인기 있는 간식거리이자 때로는 간단한 점심 메뉴이기도 한 사모사는 이젠 아랍어나 힌디어를 쓰지

않는 지역에서도 쉽게 만날 수 있는 음식이 되었다. 터키나 포르투갈 같은 곳까지 말이다.

스파이스 마켓에선 궁극의 사모사를 먹을 수 있다. 닭고기와 온갖 향신료의 조화가 일품인데 맛도 맛이지만 질감도 무척 좋다. 산뜻한 요거트 소스를 살짝 뿌려 먹으면 최고다. 뉴욕 최고의 맛깔스러운 음식 중 하나로 영원히 내 마음속에 자리 잡고 있다.

그뿐만 아니라 이곳에선 뭘 먹든 실패할 일이 없다. 주재료와 향신료 사이의 미묘한 밸런스를 참 절묘하게도 잘 맞추는데, 모든 메뉴가 다 그렇다. 중국식 빵에다 농어 튀김을 끼우고 아삭한 허브와 땅콩을 곁들인 메뉴만 해도 향신료를 어찌나 잘 썼는지, 꿈에서도 그 향기를 느낄 수 있을 것 같다.

NAKAZAWA SUSHI

나카자와 스시

주소: 23 Commerce St.(Bedford St.와 7th Ave. S 사이), NY 10014
전화번호: (212)924-2212
영업시간: 월~토요일 5:00p.m. – 10:00p.m.
홈페이지: www.sushinakazawa.com

스물한 가지 초밥 코스,
마법 같은 한 끼

스시 오마카세

텔레비전으로 정말 못할 게 없나 보다. 2012년 8월의 어느 날, 요식 사업가 알레산드로 보르고뇨네는 자신의 이탈리아 레스토랑에서 퇴근해 집에 돌아와선 소파에 푹 파묻힌 채 텔레비전을 틀었다. 리모컨 버튼을 누르며 채널을 이리저리 돌리던 그는 한 다큐멘터리 채널에서 뚝 멈추었다. 세계 최고의 초밥 장인 오노 지로를 다룬 〈스시 장인: 지로의 꿈Jiro Dreams of Sushi〉이 방영되고 있었다. 알레산드로는 오노 지로의 꼿꼿하고 순수한 장인정신에 완전히 매료되었다. 저렇게 숭고한 자세로 초밥을 대하다니. 알레산드로는 망설이지 않고 곧장 영화 속에 수차례 등장하는 오노 지로의 가장 오래된 제자, 나카자와 다이슈케에게 연락을 취했다. 그들은 구글 번역기의 도움을 받

아 대화를 나누었고(농담이 아니라 진짜 그랬다) 곧 의기투합했다. 그리고 2013년 8월, 나카자와 스시가 드디어 문을 열었다. 속전속결이다. 사실 두 사람 모두 머리를 깨끗이 박박 밀었다는 걸 빼면 딱히 공통점이 있을 것 같지 않은데 뜻밖에 이 둘의 결속력은 무척 강하다. 나카자와 셰프는 최고 수준의 기술을 가진 초밥 장인으로, 그의 스승 지로가 만족할 때까지 일본식 달걀말이인 타마고야키玉子燒き를 매일 200개씩 만들어 온 성실한 사람이다.

나카자와 스시는 가로수가 죽 늘어선 조용한 웨스트 빌리지에 자리 잡았다. 여기선 초밥 스무 가지와 김말이 한 가지로 이루어진 스시 오마카세 메뉴만을 제공하는데, 깐깐하리만큼 엄격한 전통 방식을 고수하기로 이미 정평이 났다.

나카자와 스시에서 식사를 하는 건 마치 100분 동안 맛의 천국에서 둥둥 떠다니는 것과 같다. 물론 그 전에 좌석 예약에 성공해야 하지만. 예약 전화를 걸기 위해 재다이얼 버튼을 얼마나 눌러댔던지 손가락이 퉁퉁 부었다. 아마 여기서 식사를 한 사람들은 다들 같은 경험을 하지 않았을까. 최고의 전문가가 세심하게 손질한 신선한 생선과 최고 품질의 쌀로 정성 들여 지은 밥. 정말이지 이곳의 스물한 가지 초밥 코스는 나를 행복하게 한다. 나카자와 셰프는 항상 태블릿 PC를 준비해 두었다가 손님들에게 다양한 물고기와 해산물 사진을 보여 주며 식재료에 대해 설명을 해 준다. 일상의 고단함을 잠시 내려놓을 수 있는 마법 같은 한 끼 식사가 될 것이다.

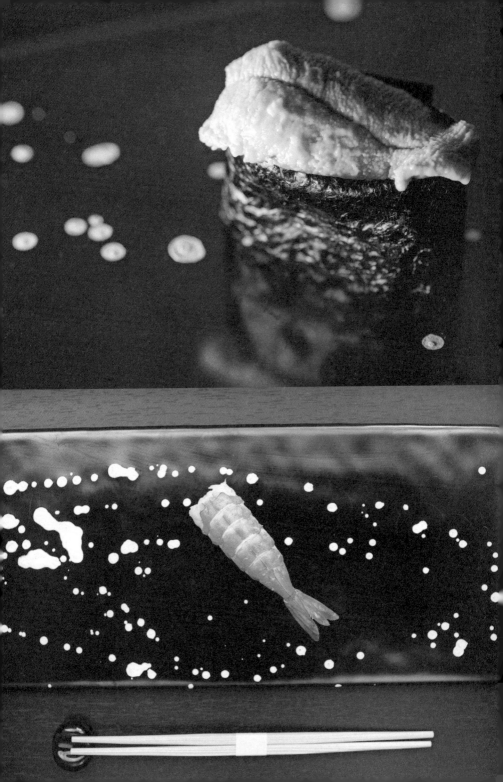

3

MEGU
메구

주소: 62 Thomas St.(Church St.와 W Broadway 사이), NY 10013
전화번호: (212)964-7777
영업시간: 일~목요일 6:30p.m. - 10:30p.m. / 금~토요일 6:30p.m. - 11:00p.m.

모던 스타일의
일식 요리 전문점

수미비 아부리야키

눈이 번쩍 뜨이게 화려하면서도 무척이나 경건한 느낌. 메구 레스토랑에 들어갈 때마다 이런 상반되는 감정을 동시에 느낀다.

메구 레스토랑에선 언제나 거대한 범종 아래 앉아 있는 투명한 부처상을 만나게 된다. 얼음 덩어리를 조각해 만드는데, 처음에는 얼음인 줄 몰랐다가 식사를 마칠 무렵 부처상이 녹아내린 걸 보고서야 뒤늦게 알게 되었다. 레스토랑 이름인 메구는 일본어로 축복한다는 뜻이다. 실내 연못 위에서 둥실둥실 흔들거리는 이 거대한 얼음 부처상이 지금 하고 있는 게 아마도 메구일 것이다.

메구는 모던 스타일의 일식 요리 전문점이다. 특히 최고급 생선을 이용한 수미비 아부리야키炭火炙り焼き로 유명하다. 교토 지역에서 생산되는 무척 귀하고 비싼 흰 숯인 비장탄으로 재료를 굽는 기술이다. 비장탄은 겐로쿠元禄 시대(1688~1704)에 처음으로 생산되었다고 알려져 있는데 당시 장인들은 반드시 수령이 아주 오래된 우바메 참나무(졸가시나무)만 고집했다고 한다. 일본식 전통 화로를 이용해 손님 앞에서 직접 생선이나 고기, 채소를 구워 내는 로바타야키炉端焼き 요리, 닭꼬치 구이인 야키토리焼き鳥, 그리고 장어구이 등에는 이 질 좋은 비장탄이 필수다. 아주 높은 온도에서 참나무가 열분해 현상을 일으키기 때문인데, 말이 좀 어렵지만 결론은 비장탄으로 식재료를 구우면 좋지 않은 냄새라던가 과한 연기 따위가 나지 않는다는 얘기다. 그뿐만 아니라 열기가 골고루 퍼져 숯이 더욱 오랫동안 균일하게 탈 수 있도록 해 준다. 거기에 하나 더, 비장탄 필터로 거른 물로 밥을 지으면 혹시 모를 잡맛을 방지하는 효과가 있다.

메구의 인테리어 디자인에는 옛것과 새것이 조화롭게 이어져 담겨 있다. 과하거나 경박하지 않고, 신성하다. 바 뒤편 조명 아래에 걸린 태피스트리가 좋은 예인데, 무려 500벌의 오래된 기모노에서 직물을 뽑아내 다시 새로운 작품을 만든 것이다.

훌륭한 일본인 셰프들이 대부분 그렇듯 메구의 시무라 노리타 셰프도 무척 겸손하다. 요리의 진정한 주인공은 사람이 아니라 재료라는 것이 그의 좌우명인데, 말은 그렇게 해도 노리타 셰프는 이미 극도로 섬세한 디테일의 놀라운 요리들을 수도 없이 창조한 사람이다. 메구의 생선회는 흠잡을 데 없고, 그릴에 구운 푸아그라와 다진 고베

쇠고기를 반죽해 아삭아삭한 아스파라거스에 둥글게 붙여 튀긴 요리도 역시 끝내준다. 녹차 크레이프 케이크는 어떠냐고? 물론 최고다.

일전에 메구에서 한창 식사를 하고 있는데 근처 테이블에서 뭔가 흥미진진한 일이 벌어지고 있는 분위기라 어깨너머로 슬쩍 보니 한 남자 손님이 이런저런 핑계를 대어 여자친구가 잠시 자리를 비우게끔 하고는 'Will you marry me?'라고 새긴 젓가락을 그녀의 자리에 슬쩍 올려놓는 거였다. 잠시 후 여자친구가 돌아오자 메구의 직원들은 곧 준비해 둔 계획을 실행에 옮겼다. 주문한 적 없는 생선회 접시를 들고 와선 서비스라며 테이블에 올려놓았고, 그때까지 상황을 전혀 눈치채지 못한 여자친구가 젓가락을 집어 들다 드디어 그 문구를 발견했다. 그 순간 남자는 자리에서 일어나 무릎을 꿇고 정중하게 청혼했다. "Will you marry me?(나와 결혼해 주시겠습니까?)" 대답은 물론 예스, 온 마음을 다한 예스였다.

DOMINIQUE ANSEL BAKERY

도미니크 앙셀 베이커리

주소: 189 Spring St.(Sullivan St.와 Thompson St. 사이), NY 10012
전화번호: (212)219-2773
홈페이지: www.dominiqueansel.com
영업시간: 월~토요일 8:00a.m. - 7:00p.m. / 일요일 9:00a.m. - 7:00p.m.

시사주간지 〈타임〉에서 선정한
최고의 발명품, 크로넛을 맛보다

크로넛

제빵 분야는 요식업계 전반에서도 유난히 이러쿵저러쿵 말 많고
과열된 분야다. 특히나 뉴욕처럼 까탈스럽기 그지없고 부담스럽기
짝이 없는, 모든 제빵사가 피 터지게 경쟁하는 큰 시장에서라면 더욱
그렇다. 이미 광범위한 레퍼토리가 갖춰진 상태라 새롭거나 혁명적
인 아이템을 과감히 내놓을 만한 제빵 전문가는 그리 많지 않다. 하
지만 프랑스에서 온 놀라운 재능의 페이스트리 셰프, 도미니크 앙셀
은 달랐다.

확실한 건 이거다. 열린 마음과 눈을 가진 사람은 일상에서 만나는
평범한 사물을 새롭고 독특한 시각으로 다시 바라볼 수 있다는 것.
도미니크 앙셀은 프랑스의 럭셔리 베이커리 체인인 포숑Fauchon의

전 세계 지점 확장 책임자로 7년간 경력을 쌓으며 러시아와 이집트, 쿠웨이트 등에 매장을 오픈했다. 이후 뉴욕 최고의 레스토랑 중 하나인 대니얼Daniel의 총괄 페이스트리 셰프로 6년 동안 일했는데, 대니얼 레스토랑은 앙셀의 능력을 인정해 자유롭게 일할 수 있도록 상당히 큰 권한을 주었다. 덕분에 그는 기술적인 면에서나 창의적인 면에서나 크게 발전할 수 있었지만 항상 조금 더 새로운 도전을 원했다. 앙셀은 결국 자신의 이름을 건 사업을 시작했다. 도미니크 앙셀 베이커리다.

앙셀의 창의력은 무제한인 모양이다. 그는 두 달간 수많은 레시피를 테스트한 끝에 대중 앞에 크로넛Cronut을 선보였다. 2013년 5월 10일, 이 역사적인 날에 등장한 독창적인 창작품은 곧 제빵업계에서 사람들의 입에 가장 많이 오르내린 제품이자 제일 많은 복제품을 만들어 낸 존재가 되어 버렸다. 2014년, 제임스 비어드 재단이 선정하는 '올해의 가장 뛰어난 페이스트리 셰프'에 도미니크 앙셀이 선정된 것은 당연하다.

크로넛이란 크루아상과 도넛을 합친 것이지만 그렇다고 해서 이 고귀한 창조물을 그저 그런 크루아상이나 뻔한 도넛 따위와 비교하는 건 모욕적인 일이다. 맛의 비법은 복잡한 배합비율을 세심하게 맞춘 반죽과 정확한 기름 온도(포도씨유를 쓴다)에 있다. 튀긴 크로넛은 조심스럽게 설탕에 굴린 다음 속에는 크림을 채우고 윗부분에는 글레이즈를 뿌려 완성한다. 한 개의 크로넛이 탄생하기까지 준비부터

꼬박 사흘이 걸리는데, 모든 과정이 가게 안에서 이루어진다. 앙셀은 계절감을 중요하게 생각하는 셰프답게 매달 새로운 맛의 신상품을 출시한다.

비에누와즈리viennoiserie(버터와 설탕을 듬뿍 넣은, 얇고 파삭한 결이 살아 있는 빵)와도 비슷하고 도넛과도 닮은 듯한, 하여간 묘한 이 크로넛이라는 음식은 반드시 구입하자마자 곧바로 먹어야 한다. 크로넛 안쪽의 얇은 결은 완벽하게 살아 있는데, 만약 이걸 굳이 칼로 잘라야만 하겠다면 이 겹겹의 레이어가 망가지지 않도록 빵 전용 칼로 조심조심 잘라야 한다. 그러지 않으면 맛도 질감도 확 나빠진다.

그렇지만 아무리 그래도 그렇지, 이게 암시장에서 100달러 가까이나 호가한다는 게 말이 되나 모르겠다. 크로넛은 가벼운 마음으로 사러 갈 수 있는 빵이 아니다. 제대로 마음 먹고 준비를 해야 한다. 매주 월요일 아침 11시 전에 웹사이트 www.cronutpreorder.com에 접속해 사전 주문을 하는 게 먼저인데 그나마도 주문 시점에서 2주일 후에나 수령할 수 있다. 그 말인즉슨, 예를 들어 6월 30일에 크로넛을 주문하면 7월 14일에서 20일 사이에 입에 넣을 수 있다는 소리다. 그래 봤자 1인당 5개 한정으로.

그게 싫다면 일찍 일어나는 새가 되어 벌레를 잡으러 달려가는 수밖에. 크로넛을 손에 넣을 수 있는 또 하나의 방법은 영업시간 한참 전부터 줄 서서 마냥 기다리는 것이다. 콘서트 티켓을 현장 구매하듯이 말이다. 도미니크 앙셀 베이커리는 요일에 따라 아침 8시 또는

9시에 문을 여는데, 이미 그때쯤엔 사람들이 길게 늘어서서 크로넛을 기다리고 있다. 한숨이 나오지만 그래도 갓 나온 크로넛을 품에 안고 집으로 돌아가 사랑하는 사람에게 안겨 줄 생각을 하면 뭐 그쯤이야….

도미니크 앙셀처럼 재능이 넘치다 못해 터지는 셰프라면 크로넛뿐 아니라 그보다 더 맛있는 것도 얼마든지 만들 수 있다. 달걀노른자와 럼, 바닐라로 만든 자그마한 프랑스 페이스트리인 카눌레cannelé나 자전거 바퀴처럼 둥그렇게 만든 슈 속에 프랄린 크림을 채운 파리 브레스트Paris-Brest, 그리고 우유와 바닐라, 아몬드 크림으로 만든 푸딩인 블랑망제blanc-manger 같은 정통 프랑스 디저트도 하나같이 훌륭하다. 특히 도미니크 앙셀의 마들렌에는 한번 맛을 보면 푹 빠지게 되는 마력이 있는데, 주문하면 그때부터 굽기 시작하기 때문에 무척 신선하고 맛있는 상태로 먹을 수 있다.

크로넛은 생긴 것도 근사하고 맛도 믿을 수 없을 만큼 훌륭하다. 〈타임〉 매거진에서 2013년 최고의 발명품 중 하나로 크로넛을 꼽았을 정도다. 길고 긴 줄을 감수하고서라도 먹을 가치가 있는, 몇 안 되는 진짜배기다.

5

LA BONBONNIÈRE

라 봉보니에르

주소: 28 8th Ave.(Jane St.와 W. 12th St. 사이), NY 10014
전화번호: (212)741-9266
영업시간: 매일 8:00a.m. - 6:00p.m.

100퍼센트 미국식 다이너를
만날 수 있는 곳

바나나 팬케이크

라 봉보니에르(사탕그릇이라는 뜻)라는 이름은 뭔가 좀 있어 보이는 시크한 프랑스어지만 여긴 100퍼센트 미국식 다이너, 그러니까 그저 아담한 동네 식당이다. 화려한 인테리어라던가 미슐랭 가이드의 별 따위는 붙어 있지 않은 곳.

식당 안쪽 벽은 온통 담뱃진으로 찌들어 칙칙하고 누리끼리한 갈색이다. 지금은 뉴욕에서 흡연자를 찾기 어렵지만 한 20년 전까지만 해도 온 사방에서 담배를 뻑뻑 피웠던 것을 생각하면 라 봉보니에르는 그 시절 이후 한 번도 새로 페인트칠을 하지 않았다는 소리다. 하지만 뭐, 아침 식사나 브런치를 먹기 위해 이곳을 찾은 손님들은 그런 것 따윈 신경 쓰지 않는다. 오히려 낡아빠진 포마이카 계산대라던가 싸구려 플라스틱 의자 같은 것들이 라 봉보니에르의 매력이다. 이런 분위기에선 다들 각자 식사를 하고 일행과 수다를 떠느라 바빠 옆자리에 누가 앉아 있는지 따위엔 신경 쓰지 않게 마련이다. 그래서인지 이 집 단골 중에는 유명한 연예인들도 꽤 많다. 고 제임스 갠돌피니와 이선 호크도 그들 중 하나다. 가게 벽에는 마이크 비올라 밴드의 라이브 실황 음반이 걸려 있는데, 자세히 보니 바로 이 식당에서 한 공연이다. 입이 떡 벌어진다. 라 봉보니에르의 매력, 그 끝은 어디일까?

딱히 팬케이크를 좋아하는 건 아니지만 이곳의 불가사의할 만큼 폭신하고 가벼운 바나나 팬케이크만큼은 예외다. 아마도 반죽에 넣은 버터밀크 덕분인 것 같다. 반죽을 섞기도 참 잘 섞었고. 거기에 부드러운 바나나 퓨레와 바삭하게 튀긴 바나나 조각을 넣었는데, 맛도 더 특별해지고 씹는 느낌도 좋다. 누구든 한입만 먹으면 사로잡힐 것이다. 팬케이크를 별로 좋아하지 않는 나도 그랬으니까.

6

KUTSHER'S
쿠처스

주소: 186 Franklin St.(Hudson St.와 Greenwich St. 사이), NY 10013
전화번호: (212)431-0606
점심 영업시간: 월~금요일 정오 - 3:30p.m. / 토~일요일 11:00a.m. - 4:00p.m.
저녁 영업시간: 화~목요일 5:30p.m. - 9:30p.m. / 금~토요일 5:30p.m. - 10:00p.m.

유대식 미국 음식을
파는 곳

루벤 스프링 롤

미국에서 가장 인기 있는 샌드위치를 꼽으라면 아마도 루벤Reuben 샌드위치일 것이다. 호밀빵 위에 두껍게 썬 콘비프와 사워크라우트, 슬라이스 치즈를 척척 쌓아 올리고 사우전드 아일랜드 드레싱 Thousand Island dressing이나 러시안 드레싱Russian dressing을 듬뿍 뿌린 다음 그 위를 호밀빵으로 덮어 앞뒤로 지져서 굽는 것. 전통적인 루벤 샌드위치는 이렇게 만든다. 재료만 봐도 죄책감이 드는 음식인데, 너무나 맛있기 때문에 괴로워하면서도 결국엔 몽땅 먹어치우게 된다.

루벤 샌드위치의 유래에 대해서는 여러 가지 설이 있다. 뭐, 대부분의 전통 음식들이 다 그렇듯 말이다. 그중 하나는 네브래스카 주 오마하에서 식료품점을 운영하던 루벤 크라쿠프스키가 이 샌드위치를 발명했다는 설이다. 대략 1920년에서 1935년 사이의 언젠가, 친구들과 매주 블랙스톤 호텔에 모여 포커를 치다 출출해지자 즉흥적으로 만들어 먹었다나. 호텔 주인 역시 포커 게임 멤버였는데, 이 양반이 이걸 호텔 점심 메뉴에 올리자 금세 큰 인기를 얻었고 전국 호텔 점심 메뉴 대회에서 우승까지 했다는 것이다. 또 다른 설은 뉴욕의 루벤 델리카트슨(유명한 독일 식료품점이다)의 주인인 아놀드 루벤 Arnold Reuben이 이 개발했다는 것이다. 1914년에 이미 가게 메뉴에 루벤 샌드위치를 추가했다고 한다.

어느 쪽 이야기가 맞든 간에 루벤 샌드위치를 먹을 때면 항상 뉴욕을 떠올리게 된다. 대체 왜일까? 어쨌든 이 샌드위치는 정말 맛있지만 굳이 단점을 찾자면 다 먹어치우고 난 후에 배가 터질 것 같다는 문제가 있긴 하다. 뉴욕 여기저기를 돌아다니며 구경하려면 아무래도 몸이 좀 가벼운 상태여야 좋을 텐데 말이다. 그런 면에서 쿠처스 레스토랑의 호세 산체스 셰프는 참 고마운 사람이다. 쿠처스의 루벤 스프링 롤은 루벤 특유의 기막힌 맛을 그대로 담고 있으면서도 가뿐하게 와작와작 먹어치울 수 있으니까. 다 먹고 나면 앞으로 며칠간은 아무것도 못 먹겠다 싶은 그 거한 느낌이 아니다. 다행이야.

쿠처스 레스토랑은 유대식 미국 음식을 파는 곳이다. 전통적인 유대 음식을 밝고 가벼우면서도 우아하고 품위 있게, 그리고 모던하게 바꿔 놓았다. 보통 유대 음식이라 하면 좀 묵직하고 거한 느낌이 있는데 이곳에서 식사하면 속이 편안해 한 접시를 싹 비운 후에도 다른

것 몇 가지를 더 먹을 수 있다. 쿠처스는 한때 미국을 대표하는 클럽 중 하나로 손꼽히던 쿠처스 컨트리클럽의 유산을 고스란히 물려받은 곳이다. 근사한 상점들과 멋쟁이들로 가득한 뉴욕 트라이베카 한가운데서 1950년대의 향수를 느낄 수 있다. 예스러운 분위기 속에서 추억에 푹 빠져 볼 수 있는 기회다.

사우전드 아일랜드 드레싱과 러시안 드레싱

사우전드 아일랜드 드레싱은 마요네즈를 기본으로 하는 샐러드 드레싱이다. 올리브오일, 레몬주스, 오렌지주스, 파프리카 가루, 우스터 소스, 머스터드, 식초, 칠리 소스, 토마토케첩(또는 퓌레), 타바스코 소스 등 입맛에 맞는 다양한 부재료를 넣는다. 여기에 피클과 양파, 피망, 그린 올리브와 완숙 달걀, 파슬리, 마늘 등을 다져 넣어 씹는 맛과 독특한 향을 더하기도 한다. 19세기 후반, 미국과 캐나다 사이의 사우전드 아일랜드 지역의 한 어부의 아내가 개발했다는 설이 있다.

러시안 드레싱은 사우전드 아일랜드 드레싱의 변종으로, 1910년경 미국 뉴햄프셔 지역에서 처음 만들어졌다. 마요네즈와 케첩을 반반 섞고 호스래디시, 다진 피망, 다진 차이브 등을 섞어 맛을 낸다. 초기에는 드레싱에 캐비아를 넣었는데, 캐비아의 주요 생산국 러시아의 이름을 따 러시안 드레싱이라고 부르게 되었다고 한다.

7

REDFARM

레드팜

주소: 529 Hudson St.(W. 10th St.와 Charles St. 사이), NY 10014
2170 Broadway(W. 76th St.와 W. 77th St.사이), NY 10023
전화번호: (212)724-9700
점심 영업시간: (허드슨)_ 토~일요일 11:00a.m. - 2:30p.m. / (브로드웨이)_ 월~금요일 11:30a.m. - 3:00 p.m. / 토~일요일 11:00a.m. - 3:00p.m.
저녁 영업시간: (허드슨)_ 월~토요일 5:00p.m. - 11:45p.m. / 일요일 5:00p.m. - 11:00p.m. (브로드웨이)_ 월~목요일 4:45p.m. - 11:00p.m. / 금~토요일 4:45p.m. - 11:45p.m. / 일요일 4:45p.m. - 10:30p.m.
홈페이지: www.redfarmnyc.com

새롭게 재해석한
중국 요리

팩맨 새우 덤플링

19세기 후반에 지어진 호화로운 주택 건물을 개조한 레드팜 레스토랑은 세련되고 트렌디한 동네인 허드슨 스트리트에 딱 어울리는 곳이다. 내부엔 시원시원하게 큼직한 단체 손님용 테이블과 1인석, 2~3인용 아담한 테이블이 조화롭게 배치되어 있다.

레드팜의 딤섬을 책임지고 있는 조 웅 셰프는 홍콩에서 오랜 경력을 쌓은 사람이다. 그의 머릿속엔 무려 천 개가 넘는 딤섬 레퍼토리가 있는데 하나같이 입에서 살살 녹는다. 레드팜의 오너 에드 쇼넨필드는 뉴욕 사람들에게 제대로 된 중국 음식을 알리겠다는 거의 종교적인 사명감에 불타오르는 사람인데, 뉴욕의 최고급 중국식 레스토랑 슌 리 팰리스Shun Lee Palace을 운영하던 어느 날 조 웅의 음식을 맛보고는 그 놀라운 재능에 고무되어 의기투합해 레드팜을 오픈했다. 조 응 역시 스스로도 놀랄 만큼 훌륭한 음식을 창조해 내겠다는 의지로 불타오르는 셰프다.

조 응은 전통적인 중국 요리를 새롭고 신선한 관점으로 재해석한 음식을 즐겨 만드는데, 특히 장난스러운 모양의 딤섬을 개발하는 걸 유난히 좋아한다. 예를 들어 버섯과 채소를 넣은 스프링 롤을 아예 진짜 버섯 모양으로 만든다든가 딤섬을 팩맨Pac Man 게임 캐릭터 모양으로 만드는 식이다. 입을 쩍 벌린 팩맨 모양의 감자튀김이 색색의 하가우(蝦餃, 새우를 통째로 넣은 반투명한 만두)를 잡아먹으려고 쫓아가고 있다. 그뿐만 아니라 치킨 샐러드는 조각품 같고, 채소 샐러드는 채소밭을 통째로 옮겨 놓은 것처럼 생겼다.

뉴욕에는 수많은 중식 레스토랑이 있지만 그중에서도 레드팜의 음식은 특히나 훌륭하다. 전통적인 요리 기술을 보유한 숙련된 셰프가 최고의 재료를 마음껏 쓸 수 있는 자유를 누리게 되면 얼마나 훌륭한 결과물이 탄생하는지를 여실히 보여 준다. 세계적으로 이름난 육가공 업체인 팻 라프리에다Pat LaFrieda의 쇠고기를 사용하는 중식 레스토랑은 레드팜이 유일하다. 그뿐만 아니라 다른 재료들 모두 하나같이 최고 수준을 자랑한다. 그러니 음식 맛이 훌륭할 수밖에. 예를 들어 새우 살을 채워 익힌 닭 요리만 해도 여기보다 더 맛있게 하는 곳을 보지 못했다.

얼마 전 조 응과 에드 쇼넨필드는 레드팜 건물 1층에 디코이Decoy

라는 근사한 술집을 오픈했다. 간단히 먹을 수 있는 핑거 푸드 콘셉트의 중국 요리를 내놓는 곳이다. 두 사람이 어찌나 마음이 잘 맞는지, 진정 드림팀이라고 할 만하다. 이곳은 뉴욕의 중식계에서도 가장 높은 레벨의 레스토랑이다.

팻 라프리에다란?

팻 라프리에다는 미국 뉴저지 주 노스 베르겐의 육류 도매상으로 쇠고기와 돼지고기, 가금류, 송아지고기, 양고기, 물소고기 등을 판매한다. 드라이 에이지드 스테이크와 고급 햄버거 패티도 전문적으로 취급한다. 뛰어난 품질로 정육업계 및 요식업계에서 명성이 높다. 마리오 바탈리 셰프의 여러 레스토랑, 쉐이크쉑Shake Shack 버거 체인 등에서도 팻 라프리에다의 육류를 사용한다.

BALTHAZAR

발타자르

주소: 80 Spring St.(@ Crosby St.), NY 10012
전화번호: (212)965-1414
오전 영업시간: 월~금요일 7:30a.m. - 4:30p.m. / 토~일요일 8:00a.m. - 4:00p.m.
저녁 영업시간: 월~목요일 5:30p.m. - 자정 / 금~토요일 5:30p.m. - 1:00a.m. / 일요일 5:30p.m. - 자정
홈페이지: www.balthazarny.com

하루에도 몇 차례씩
메뉴판이 바뀌는 곳

스테이크 타르타르

뉴욕에서 가장 인상적인 레스토랑을 꼽을 때마다 발타자르는 절대 빠지지 않는다. 언제나 사람들로 가득해 혼이 쏙 빠지는 것 같지만 모든 직원이 워낙 능수능란하게 움직이기 때문에 금세 아늑한 느낌을 받게 된다.

발타자르 레스토랑은 파리의 근사한 동네 술집 같기도 하다. 물론 이곳의 직원들이 무척 친절하다는 것만 빼고.

제일 먼저 눈에 들어오는 건 레스토랑 바로 옆에 붙어 있는 자그마한 베이커리다. 규모는 작지만 실은 굉장한 곳인데, 슬쩍 창문 안쪽을 들여다보기만 해도 왠지 옛 추억에 젖게 되는 그런 분위기다. 물론 식욕도 활활 타오르게 되는데, 빵 타령이 절로 나올 것이다.

발타자르 레스토랑은 시간대별로 하루에도 수차례씩 메뉴가 바뀐다. 덕분에 무척 역동적인 느낌이 든다. 특히 저녁에 등장하는 메뉴판은 프랑스의 어느 레스토랑 메뉴판인 듯 디자인이 근사하다. 폰트며 컬러며 어찌나 꼼꼼하고 정확하게 골랐는지 마치 발레 안무가가 공들여 짠 춤 동작 같기도 하다. 쓰다 보니 끝도 없겠다. 맞다. 나는 발타자르의 광팬이다. 이 식당이 무슨 짓을 하더라도 여길 사랑할 것이다. 한때는 일요일마다 으레 이곳에 와 친구들과 푸짐한 브런치를 신나게 즐기곤 했다. 가끔은 혼자 〈뉴욕 타임스〉 주말판을 들고 와 우아하게 읽기도 했고. 아니 뭐, 말이 그렇다는 거지 실제로 신문을 제대로 들여다봤다는 건 아니다. 주방에서 직접 만든 블러드 소시지에 노른자가 통통하게 살아 있는 달걀 프라이, 맛 좋은 에그 베네딕트를 앞에 두고서 신문 따위가 눈에 들어올 리가 있나.

내 친구 두 명은 발타자르 레스토랑의 스테이크 타르타르Steak tartare에 완전 목숨을 거는데, 덕분에 나도 한 번 먹어 보고는 순식간에 타르타르교 신도가 되어 버렸다. 친구들이 침 튀기며 얘기했던 것보다 훨씬 맛있잖아! 세계 곳곳에서 사랑받는 스테이크 타르타르의 원래 이름은 필레 아메리캉 프리파리Filet americain préparé(미국식 안심 요리라는 뜻의 프랑스어)다. 보통 쇠고기나 말고기에 밑간을 해서 사용하는데, 최대한 지방 부위를 잘라내 버리는 게 중요하다. 아무래도 지방은 맛도 그렇고 질감도 그렇고 날것으로 먹기엔 별로이기 때문이다.

초기의 스테이크 타르타르는 지금과는 조리법도 모습도 매우 달

랐는데, 20세기 초에 들어서면서 현재의 친숙한 형태로 바뀌었다. 파리의 여러 레스토랑에선 달걀노른자를 넣은 레시피를 개발해 스텍 알 라메리캉steak à l'américain(미국식 스테이크)이라는 이름을 붙여 판매했는데 당시 순수주의자들은 날달걀이라니 그게 무슨 말이냐며 크게 반발했다고 한다. 하지만 1921년 유명한 셰프인 오귀스트 에스코피에Auguste Escoffier가 저서인《요리 입문서Le Guide Culinaire》에 이 레시피를 포함시키면서 논란이 종식되었다. 음식 역사에 한 획을 그은 것이다. 이후 1938에는 식문화의 백과사전이라고 할 만한 책《라루스 요리대사전Larousse Gastronomique》에도 정식으로 채택되었다.

발타자르 레스토랑의 스테이크 타르타르를 먹기 위해서라도 어떻게든 온갖 핑계를 만들어 자꾸 뉴욕에 가고 싶어진다. 이곳의 고기와 양념 배합은 무척 절묘하다. 그야말로 천기누설 급이다. 어떻게 간을 이리 딱 맞추었을까? 단순해 보이는 음식이지만 맛을 보면 엄청나게 매력적이다. 앞서 말했듯 발타자르는 하루에도 몇 차례씩 메뉴판이 바뀌는 곳이다. 하염없이 앉아서 새로운 메뉴가 나올 때마다 계속 주문하고 싶다. 영원히 머물고 싶은 곳, 발타자르에서 보내는 하루…. 이렇게 쓰니 왠지 근사한 모험 소설 제목 같은데?

9

CHINA BLUE

차이나 블루

주소: 135 Watts St.(451 Washington St. 근처), NY 10013
전화번호: (212)431-0111
영업시간: 일~수요일 11:30 a.m. ‐10:30 p.m. / 목~토요일 11:30 a.m. ‐ 11:00 p.m.
홈페이지: www.chinabluenewyork.com

상하이를
떠올리게 하는 공간

장어 요리

식사를 마치고 밖으로 나오면서 '야, 여긴 모든 게 딱 좋네'라는 생각이 절로 드는 곳. 차이나 블루는 그런 레스토랑이다.

차이나 블루 레스토랑의 오너 유밍 왕은 음식 취향만 훌륭한 것이 아니라 자신의 옷도 직접 디자인하는 뛰어난 감각의 소유자다. 심지어 레스토랑 인테리어도 직접 했을 정도니, 그야말로 아이디어 뱅크라 하겠다.

차이나 블루 레스토랑 1910년에서 1940년대 사이의 상하이를 떠올리게 하는 공간이다. 우아하고 독특하며, 세련되고 품격 있다. 문을 열고 들어가는 순간 왠지 내가 중요 인사라도 된 듯한 느낌이 들 정도다. 골동품 조명기구들이며 낡은 책들, 그리고 고풍스러운 타자기 같은 소품들 덕에 아늑하고 특별한 분위기가 물씬 풍긴다. 배경에 흐르는 음악과 적당한 조도의 불빛, 탁 트인 공간까지 딱 좋다. 그리고 무엇보다 환상적인 음식이 기다린다. 완벽하다.

총괄 셰프인 리는 자신의 요리에 자부심을 가진 상하이 요리 전문가로, 간을 섬세하고 절묘하게 맞추는 것을 무척 중요하게 생각한다. 리 셰프 휘하의 딤섬 전문 셰프 역시 뛰어난 기술을 갖춘 공예가다. 정통성에서든 정교함에서든 차이나 블루 레스토랑의 딤섬은 뉴욕에서 라이벌을 찾기 힘든 수준이다. 그중에서도 반드시 먹어야 할 것은, 좀 뻔한 선택으로 보일 수도 있지만 궁극의 맛을 자랑하는 샤오롱바오小笼包다. 팥을 채운 호박떡小南瓜蒸餅도 빼놓을 수 없다. 그런데 사실 이 레스토랑에서 이게 맛이 있네 저게 맛있네 하며 메뉴를 골라 주는 건 생색도 나지 않고 보람도 없는 일인 게, 어차피 뭘 주문하든 하나같이 훌륭하기 때문이다. 그 정도로 셀 수 없을 만큼 맛있는 요리가 가득하다. 시즈토우(獅子頭, 뚝배기에 배추와 고기 완자를 넣고 끓인 요리)와 매콤한 파바오차이(팔보채)도 먹다 기절할 만큼 맛있고 우시无锡풍(간장과 설탕을 넉넉히 쓰는 게 특징인 중국 장쑤성 우시의 요리 스타일)의 바삭한 장어도 꼭 먹어야 한다. 장어를 가늘게 채 처 튀긴 후 설탕과 함께 가열해 갈색으로 익힌 다음 참깨를 듬뿍 뿌려 마무리하는데, 달콤함과 향기로움 두 가지를 모두 갖춘 요리다.

우시 요리는 상하이 요리(중국에서는 벤방차이本帮菜라고도 부른다)에 속한다. 상하이뿐 아니라 그 주변 장쑤성, 저장성 일대의 요리를 모두

상하이 요리라고 일컫는다. 생선과 게를 이용한 요리가 많고 절인 채소와 염장한 고기를 조미료 개념으로 사용해 독특한 맛을 낸다. 도수 높은 술과 과실주, 설탕과 간장 등의 조미료를 두루 쓰는 것도 특징이다.

10

MARINA VERA LUZ

마리나 베라 루즈

주소: 328 W 14th St.(8th Ave.와 9th Ave. 사이), NY 10014
영업시간: 매일 6:00a.m. – 3:00p.m.

놀랄 만큼 맛있는
멕시코 길거리 음식

타말레와 포솔레

독실한 신자인 마리나 베라 루즈는 언제나 그녀의 영적 수호신인 과달루페의 성모(La Señora de Guadeloupe, 16세기 멕시코에서 발현했다고 전해지는 성모 마리아를 일컫는 호칭) 곁을 떠나지 않는다. 항상 라 세뇨라 드 과달루페 성당La Senora de Guadeloupe church 옆 노점을 지키고 서 있다는 얘기다. 과달루페 성모 성당은 매주 일요일이면 하루 다섯 번의 미사가 열리는데, 정작 사람들이 몰려드는 곳은 성당이 아니라 그 옆, 건물 그늘진 곳에 자리 잡은 마리나의 노점이다. 멕시코 이민자인 마리나는 새벽 2시가 되면 알람시계를 끄고 일어나 전날 저녁에 미리 준비해 둔 식재료들을 모두 밴에 옮겨 싣고 첼시로 향한다.

가끔은 마리나가 밴에서 미처 짐을 내리기도 전에 이미 손님들이

진을 칠 때도 있다. 하긴, 가톨릭 신자들만 성당에 가라는 법은 없지. 택시 기사와 소방관들, 그리고 종종 형편없는 호텔 조식 뷔페에 학을 뗀 여행자들까지도 이 대열에 합류하곤 한다. 마리나의 멕시코 음식은 뉴욕 최고다. 집안 대대로 내려오는 레시피를 충실히 따라 정성을 다해 만든다. 마리나가 그날 어떤 음식에 꽂혔는지, 그리고 장을 보러 가서 뭘 사 왔는지에 따라 메뉴가 달라지지만 타말레tamales와 포솔레pozole는 언제나 준비되어 있다.

타말레는 멕시코 사람들이 아침 식사로 많이 먹는 음식인데, 마리나가 만드는 타말레만큼 맛있는 것도 없다. 얼핏 봐선 간단해 보이지만 실은 꽤 복잡하고 다양한 조리법이 숨겨져 있다. 고기와 채소, 치즈, 과일이나 쌀 등 다양한 재료를 옥수수가루 반죽에다 집어넣고 말아서 찐다. 타말레는 워낙 역사가 오래된 전통 음식이라 그 유래가 정확하게 알려지지 않았다. 스페인 선교사 베르나르디노 데 사하간Bernardino de Sahagun이 1569년에 쓴 책《새로운 스페인 식민지의 역사 개괄Historia General de las Cosas de la Nueva España》에도 타말레 이야기가 나올 정도다. 이 책에는 만만치 않게 오랜 역사의 전통 음식 포솔레 이야기도 등장하는데, 콜럼버스가 미 대륙을 발견하기 훨씬 전부터 먹어온 음식이다. 포솔레는 닉스타말(nixtamal, 석회수에 삶은 옥수수 알갱이로, 갈아서 토르티야를 만든다) 찐 것, 고기, 매운 고추, 그리고 온갖 맛있는 재료들을 넣고 끓인 따끈한 스튜다. 그리고 만약 오늘의 메뉴에 몰레 파블라노mole poblano가 있다면 묻지도 따지지도 말고 무조건 먹

어야 한다. 마리나의 몰레 파블라노는 세계 최고다. 닭고기 육수에 온 갖 다양한 고추들, 향기로운 허브, 묵은 빵, 견과류와 카카오 열매 등을 섞은 복잡한 국물에 닭다리를 넣고 푹 익힌 것이다. 몰레 파블라노는 멕시코 푸에블라의 산타 로사 수도원에서 처음 만들어졌다고 전해진다. 어느 날 대주교가 갑작스레 수도원을 방문하자 대접할 만한 음식이 아무것도 없어 당황한 수녀가 손에 잡히는 대로 아무거나 냄비에 넣어 만든 게 시초라나. 어쨌든 이 어두운 색의 진득한 소스에 담긴 닭고기는 놀랄 만큼 맛있다. 꼭 드셔 보시라. 마리나는 일요일에도 절대로 쉬지 않고 일한다.

11

BABBO

바뽀

주소: 110 Waverly Place(Washington Square W.와 Avenue of the Americas 사이),
NY 10011
전화번호: (212)777-0303
영업시간: 월요일 5:30p.m. - 11:00p.m. / 화~토요일 11:30a.m. - 11:00p.m. /
일요일 4:30p.m. - 10:30p.m.
홈페이지: www.babbonyc.com

최고의 재료로 최대한 심플하게!
정통 이탈리아 요리 음식점

소 볼살 라비올리

뉴욕 최고의 이탈리아 레스토랑은 의외로 리틀 이탈리아가 아니라 다른 곳에 있다. 정말 맛있는 이탈리아 음식을 먹고 싶다면 훌륭한 셰프이자 베스트셀러 작가, 그리고 미디어 스타인 마리오 바탈리의 바쁜 레스토랑에 가야 한다. 이곳을 진두지휘하는 마리오 바탈리는 이탈리아 식문화와 역사에도 정통한 사람이라 모든 지역의 특선 요리에 빠삭하다. 그리고 스물한 개나 되는 레스토랑의 공동 경영자이며 아홉 권의 요리책을 쓴 작가이기도 하다.

마리오 바탈리는 이탈리아 이민자의 후손이다. 그의 할아버지는 1899년에 이탈리아 아부르초를 떠나 미국 몬태나 주로 이주해 구리 광산에서 일하다 시애틀로 이사했고 마리오도 거기서 태어났다. 세계 곳곳에서 수많은 레스토랑을 경영하고 있지만, 그중에서도 마리오가 가장 아끼는 곳은 의심할 여지 없이 바뽀다.

이곳에선 전통적인 이탈리아 방식으로 손님을 환대한다. 그리고 가장 모범적인 형태의 이탈리아 음식을 내놓는다. 바뽀의 철학은 간단하고 직설적인데, 그 지역에서 나는 최고의 식재료만 사용할 것, 그리고 가능한 한 심플하게 조리한다는 것이다. 대부분의 이탈리아 셰프들이 그렇듯 바뽀의 요리사들 역시 땅과 바다에서 난 식재료를 가리지 않고 전부 사랑하며 그들이 살고 있는 이 동네를 사랑한다. 한마디로, 마리오 바탈리의 개인적인 철학을 바뽀의 모든 직원이 몸소 보여 주고 있다.

이탈리아 음식의 천국으로 들어가는 입장권이 있다면 그건 아마 바뽀의 메뉴판이 아닐까? 이곳의 요리는 이탈리아 여기저기에 있는 오스테리아(osteria, 동네 식당)에서 흔히 볼 수 있는 지역 특선 음식 같은 것보다 훨씬 낫다. 아니, 어지간한 이탈리아의 고급 레스토랑보다 훌륭하다. 얼핏 보기엔 좀 거해 보이는 음식들인데 막상 먹어 보면 신기하게 산뜻하다. 특히 염소 치즈를 곁들인 토르텔리니(tortellini, 돼지고기나 치즈 등으로 속을 채운 반지 모양의 파스타)에 말린 오렌지와 야생 펜넬 씨앗을 뿌린 요리라던가 바롤로 와인(Barolo wine, 이탈리아 북부 피에몬테에서 생산되는 묵직하고 진한 맛의 레드와인. 네비올로 품종의 포도로 만든다)에 졸인 쇠고기 요리는 이탈리아의 유명한 레스토랑 보콘디비노 Boccondivino에서 먹었던 것보다 더 맛있었다.

미식가들, 특히 이탈리아 음식에 환장한 사람들에게 바뽀 레스토랑은 성지 순례하듯 꼭 가야만 하는 곳이다. 이곳의 와인은 물론 모두 이탈리아산이다. 바뽀에 올 때마다 다음엔 또 무슨 핑계로 여기에 올까 고민하게 된다. 얼른 다시 와서 맛있게 식사를 하고 싶다. 마리오 바탈리, 최고다!

12

THE ORIGINAL RAMEN BURGER BY KEIZO SHIMAMOTO

디 오리지널 라멘 버거 by 게이조 시마모토

주소: 13-13 40th Ave., Long Island City, NY 11101
전화번호: (929)522-0285
영업시간: 화~금요일 11:00a.m. - 7:00p.m.
홈페이지: www.ramenburger.com

라멘으로 만든
햄버거

라멘 버거

일본계 미국인 게이조 시마모토는 라멘을 연구하기 위해 일본으로 가서 전국 일주를 시작했다. 그러다 뉴욕에 대한 향수병을 앓게 되면서 특히 한 가지에 심하게 꽂혔는데… 그것은 바로 햄버거였다.

결국 향수병으로 홱 돌아 버린 게이조는 일본 사람들이 보면 문화 충격이라고 할 법한 정신 나간 아이디어를 떠올렸다. 라멘으로 만든 햄버거, 바로 라멘 버거다.

라멘 버거는 2013년에 브루클린의 스모가스버그 페스티벌에서 첫선을 보였다. 당시 게이조는 속으로 꽤나 걱정했다고 한다. 아무래도 미친 짓이니까. 라멘 버거는 일본 문화와 미국 문화의 완벽한 혼합물이자 게이조가 어린 시절부터 제일 좋아한 두 가지 음식, 햄버거와 라멘의 혼합물이기도 하다. 어이없고 장난스러우며, 도전적이고 묘하다. 그리고 무엇보다 맛있다. 이런 아이디어를 떠올리고 실행에 옮기는 것, 일을 크게 키우는 것. 이건 누구나 할 수 있는 일이 아니다.

게이조의 라멘 버거는 네 가지인데 공통점은 단지 하나뿐이다. 빵이 없다는 사실 말이다. 대신 라멘 면발을 빵 모양으로 뭉친 다음 구워서 사용한다. 앵거스 쇠고기 버거에는 아루굴라 약간과 체다 치즈 한 장, 그리고 게이조가 직접 만든 달콤한 간장 소스, 채를 썬 싱싱한 대파가 들어간다. 정말 환상적인 맛이다. 쇠고기 패티 대신 야키토리 (닭꼬치) 풍으로 구운 닭고기나 다진 쇠고기, 두부를 넣은 라멘 버거도 있다.

뉴욕은 이미 라멘 버거에 완전히 정복당했다. 현재는 디 오리지널 라멘 버거 by 게이조 시마모토와 스모가스버그에서만 먹을 수 있지만, 열화와 같은 수요에 호응하기 위해 곧 곳곳에서 선보일 예정이다. 최근엔 독일식 맥줏집인 베르겐Berg'n과 계약을 맺어 정식으로 메뉴에 올렸고, 로스앤젤레스와 하와이에도 진출한다고 한다. 앞으로 어찌 될지 계속 지켜봐야겠다. 프렌치프라이 대신 라멘 프라이가 나오지 말란 법도 없으니!

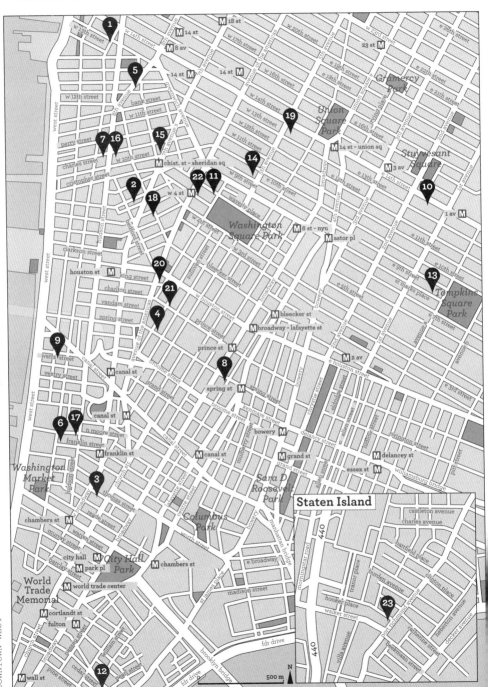

그 외의 추천 장소 - 다운타운 웨스트

13 BOX KITE NYC 박스 카이트 뉴욕
주소: 115 St. Marks Place(1st Ave.와 Ave. A 사이), NY 10003
전화번호: (212)574-8202
홈페이지: www.boxkitenyc.com
추천 메뉴: 비밀의 테이스팅 메뉴

14 CLAUDETTE 클로데트
주소: 24 15th Ave.(9th St.), NY 10011
전화번호: (212)868-2424
홈페이지: www.claudettenyc.com
추천 메뉴: 부야베스를 파이 반죽으로 덮어 오븐에서 구운 부야베스 엉 크루트Bouillabaise en croûte

15 CHEZ SARDINE 쉐 사딘
주소: 183 W. 10th St., NY 10014
전화번호: (646)360-3705
홈페이지: www.chezsardine.com
추천 메뉴: 푸아그라와 훈제 체다 치즈를 넣은 그릴드 치즈 샌드위치

16 DECOY 디코이
주소: 529 1/2 Hudson St.(지하), NY 10014
전화번호: (212)691-9700
홈페이지: www.decoynyc.com
추천 메뉴: 베이징 덕

17 NOBU 노부
주소: 105 Hudson St.(Franklin St.와 교차하는 곳), NY 10013
전화번호: (212)219-0500
홈페이지: www.noburestaurants.com/new-york
추천 메뉴: 성게알 튀김

18 MURRAYS CHEESE BAR 머레이스 치즈 바
주소: 264 Bleecker St.(Morton St. 와 Leroy St. 사이), NY 10014
전화번호: (646)476-8882
홈페이지: www.murrayscheesebar.com
추천 메뉴: 계절별 추천 치즈 모듬

19 CORKBUZZ WINE STUDIO 코르크버즈 와인 스튜디오
주소: 13 E. 13th St.(University Place와 5th Ave. 사이), NY 10003
전화번호: (646)873-6071
홈페이지: www.corkbuzz.com
추천 메뉴: 돼지 지방으로 감싼 메추라기에 구운 대파와 민트, 감귤 샐러드를 곁들인 요리

20 CHARLIE BIRD 찰리 버드
주소: 5 King St.(6th Ave.), NY 10012
전화번호: (212)235-7133
홈페이지: www.charliebirdnyc.com
추천 메뉴: 파르마 햄으로 싸서 구운 문어에 병아리콩과 세이지를 곁들인 요리

21 THE DUTCH 더 더치
주소: 131 Sullivan St.(Prince St.), NY 10012
전화번호: (212)677-6200
홈페이지: www.thedutchnyc.com
추천 메뉴: 더티 라이스(dirty rice, 닭 간과 피망, 양파 등을 넣고 지은 밥)와 새우를 넣은 케이준 스타일의 메추라기 요리

22 BLUE HILL 블루 힐
주소: 75 Washington Place(McDougal. St.와 6th Ave. 사이), NY 10011
전화번호: (212)539-1776
홈페이지: www.bluehillfarm.com/food/blue-hill-new-york
추천 메뉴: 그날의 요리와 테이스팅 메뉴

23 DENINO'S 드니노스
주소: 524 Port Richmond Ave.(Hooker Place와 Walker St. 사이), NY 10302(Staten Island)
전화번호: (718)442-9401
홈페이지: www.deninos.com
추천 메뉴: 냉장고 속의 온갖 재료를 다 털어 넣고 만든 피자인 가비지 파이 피자

KATZ'S DELICATESSEN

카츠 델리카트슨

주소: 205 E. Houston St., NY 10002
전화번호: (212)254-2246
영업시간: 월~수요일 8:00a.m. – 10:45p.m. / 목요일 8:00a.m. – 2:45a.m. / 금
요일 8:00a.m. – 밤샘 영업 / 토요일 24시간 영업 / 일요일 전날 – 10:45p.m.

버킷 리스트에
담아둘 만한 샌드위치

파스트라미 호밀빵 샌드위치

파스트라미pastrami는 고기를 향신료에 절여 살짝 건조시킨 후 다양한 허브에 재웠다가 천천히 훈제한 다음 다시 증기로 익히는, 역사가 아주 오래된 고기 저장방법이다. 워낙 긴 시간이 필요한 작업이라 마치 시간 여행 같다는 생각도 든다.

이 용어의 유래는 확실히 알려지지 않았다. 터키어 pastirma(베이컨)에서 유래되었다는 설도 있고, 루마니아어 pastra(저장한다는 뜻의 동사)에서 변형된 것일 수도 있지만 어느 쪽이라고 정확히 말하기는 어렵다. 유대인들은 이 음식을 그들의 언어인 이디시어로 파스트롬, 알파벳으로는 pastrome으로 표기했는데 시간이 지나면서 건조시켜 만드는 햄인 살라미salami와 혼합되어 pastrami가 되었다. 확실한 건, 뉴욕 최초의 파스트라미 샌드위치는 루마니아와 베사라비아 (Bessarabia, 현재의 몰도바와 우크라이나에 걸친 지역의 옛 이름)에서 유대인 이민자들이 물 밀듯 들어오던 시기에 만들어졌다는 사실이다.

1887년, 유대교 교리에 따라 가축을 도축하는 코셔 정육업자 서스먼 보크는 루마니아에서 온 친구로부터 받은 파스트라미 레시피로 최초의 파스트라미 샌드위치를 만들었다. 그 인기가 어찌나 대단했던지 곧 정육점 사업을 정리하고 레스토랑을 열었을 정도다. 파스트라미 샌드위치 열풍은 식을 줄 모르고 퍼져 나갔는데, 이듬해인 1888년엔 한 유대인 형제가 자신들의 성을 딴 '아이슬란드 브라더스 Iceland Brothers'라는 간판을 단 작은 식료품점 겸 샌드위치 가게를 열어 이 맛있는 샌드위치를 팔기 시작했다. 형제는 몇 년 후 윌리 카츠와 동업을 시작하면서 가게 이름을 '아이슬란드 & 카츠Iceland & Katz'로 바꾸었고, 시간이 흐른 후 윌리의 사촌인 베니 카츠가 가게를 인수해 지금까지 쭉 운영 중이다.

카츠 델리는 뉴욕 미식계의 위대한 전당 같은 곳으로, 그 역사와 명성에 걸맞은 몫을 한다. 구내식당처럼 항상 북적이는 사람들로 시끄러워 정신이 없지만 그래도 여긴 꼭 가 보길 바란다. 관광객들과 동네 주민 모두를 사로잡는, 마치 마법 같은 그 무언가가 있으니까. 카츠 델리의 파스트라미 샌드위치는 세계 곳곳의 다른 모든 파스트라미 샌드위치들에게 어떤 기준점 내지는 지향점이 되어 준다. 높은 곳에 우뚝 서 있는, 샌드위치 계의 기념탑 같은 존재다. 맛과 식감, 양

넘까지 모두 완벽하다. 죽기 전에 꼭 한 번은 먹어야 할, 버킷 리스트에 담아둘 만한 샌드위치다. 이 집 이야기를 하면서 영화 〈해리가 샐리를 만났을 때When Harry Met Sally〉를 빼놓을 수 없다. 멕 라이언이 바로 이 식당에서 가짜 오르가즘을 연기했다. 카츠 델리에 가게 된다면 여러분도 멕 라이언이 먹던 것과 같은 걸 주문하시라. 그게 뭐냐고? 당연히 파스트라미 샌드위치다.

THE PICKLE GUYS

더 피클 가이즈

주소: 49 Essex St., NY 10002
전화번호: (212)656-9739
영업시간: 일~목요일 9:00a.m. - 6:00p.m. / 금요일 9:00a.m. - 4:00p.m.
홈페이지: www.pickleguys.com

전통방식을
고수한 피클

과일 절임과 채소 피클

로어 이스트 사이드의 에섹스 스트리트는 언제나 뉴욕 피클의 본
고장으로 통했다. 1910년경부터 이 거리엔 전통적인 방식으로 피클
을 만들어 온 사람들의 가게가 줄지어 있었다.

하지만 안타깝게도 이제는 전통방식으로 만든 과일 절임과 채소
피클을 맛볼 수 있는 곳이 거의 다 사라졌다. 더 피클 가이즈가 마지
막일 것이다. 식초를 이용해 음식을 저장하는 피클링pickling법의 역사
는 굉장히 오래되었는데, 북인도인들이 메소포타미아 지역으로 오이
와 오이 씨앗을 가져왔을 무렵(그렇다, 우리는 지금 기원전 2030년경 이야기
를 하는 것이다) 피클링 방법과 그 외의 저장법도 함께 전해졌다. 피클
링을 비롯한 다양한 음식 저장법이 개발된 것은 인류 문화의 진화 과

정에서 가장 중요한 현상 중 하나다.

피클은 성경에서도 최소한 두 번 이상 언급되는 음식이다. 고대 이집트인 역시 피클을 흔히 먹었다고 일려졌다. 로마 군인들은 전쟁터를 뒤로하고 고향에 돌아갈 때면 언제나 정복지의 음식을 잔뜩 챙겨갔는데, 보통은 식초나 기름에 담그거나 소금물에 절여 저장했고 때론 꿀에 담그기도 했다. 또 가끔은 소금에 절여 발효시킨 생선(보통 멸치를 쓴다)에서 짠 액젓인 가룸 garum에 담그기도 했다. 가룸은 오늘날에는 콜라쿠라 디 알리치colatura di alici(멸치 액젓 소스)라는 이름으로 불리며 이탈리아 특산물로 대접받는다. 피클이라는 단어(콜리플라워나 호박 같은 채소를 겨자, 강황 등으로 절인 인도 음식 피커릴리piccalilli와 헷갈리지 말자)는 서기 1400년경 최초로 문헌에 등장했는데 당시엔 육고기나 가금류에 곁들이는 매콤한 소스를 뜻했다. 소금물에 담가 절인다는 의미의 네덜란드어인 페켈pekel도 같은 언어학 기원에서 나온 단어이다. 유대인들 역시 이 긴 역사의 음식을 꾸준히 만들어 왔고, 지금도 아슈케나지 유대인은 다양한 과일과 채소를 나무통이나 도자기 항아리에 저장하는 전통을 지키고 있다.

희미하게 잊혀져가는 전통에 다시 새로운 숨결을 불어넣으려 노력하는 젊은 세대들, 그들은 존경받아 마땅하다. 더 피클 가이즈 식구들도 그렇다. 맛있는 음식을 만들기 위해 열정을 다해 헌신한다. 이곳의 피클은 내가 먹어 본 것 중 최고다. 다른 곳과는 비교할 수 없을 정도로 맛의 밸런스가 훌륭하다. 너무 시지도, 짜지도 않게 무척 꼼꼼

하게 계량해 만든다. 모든 것이 산업화 되어 버린 지금도 100퍼센트 수작업으로 음식을 만드는 이런 가게들을 보면 왠지 마음이 놓인다. 이 작은 가게 안에는 온갖 독특한 피클이 담긴 통이 가득히 놓여 있다. 눈에 보이는 그대로가 전부인, 방부제 따위는 넣지 않는 것들이라 손으로 건드리는 건 금지다. 물론 시식은 얼마든지 가능하다. 더 피클 가이즈의 오너 앨런 카우프의 어머니가 만든 레시피들은 조금도 바뀌지 않은 채 아들에게 고스란히 전수되었다. 그중 특이한 제품을 꼽자면 수박 피클이 있는데, 사실 그 외에도 망고와 마늘 피클, 오크라와 버섯 피클 등 만만치 않게 독특한 것들이 많다. 하나같이 지금껏 먹어본 그 어떤 피클과도 비교할 수 없는 맛이다. 그뿐만 아니라 더 피클 가이즈에서 만드는 모든 음식은 유대교 랍비의 엄격한 관리 하에 공식 인증을 받은 코셔 푸드다. 좀 더 특이한 것을 원하는 마니아 손님들을 위해 이곳에선 최근 새큼하게 절인 비트를 넣은 수프인 루셀 보르쉬Russel Borscht를 내놓았다. 맛 좋은 전통 유대식 수프다.

유대인의 피클 사랑

피클, 특히 오이피클은 유대인들에겐 마치 우리의 김치와도 같은 음식이다. 마늘과 딜을 넉넉히 넣어 절이는 것이 특징이다. 이집트를 떠난 유대인들이 오랜 시간 정착하지 못하고 방황하던 때 싱싱한 채소 대신 오이 피클로 아쉬움을 달랬다는 설이 있다. 더 피클 가이즈 근처인 오차드 스트리트Orchard Street는 유대인 이민자 출신 인구가 특히 많은 지역으로, 매년 가을이면 피클의 날pickle day 축제가 열린다.
길쭉한 막대기에 피클을 꽂은 것, 튀긴 피클, 심지어 피클 컵케이크
등 피클로 만든 다양한 음식과 김치 등 다양한 절임 음식을 맛볼 수
있다(http://www.pickleday.nyc).

ORIENTAL GARDEN

오리엔탈 가든

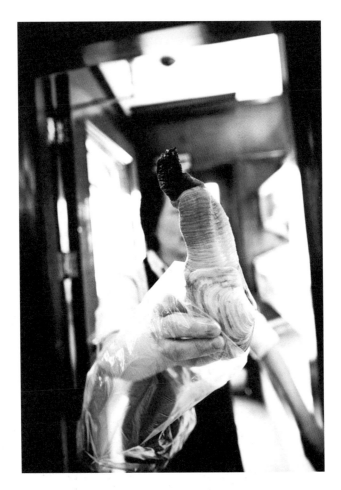

주소: 14 Elisabeth St.(Canal St.와 Bayard St. 사이), NY 10013
전화번호: (212)619-0085
영업시간: 10:00a.m. - 10:30p.m.

싱싱한 생선과
해산물 요리

코끼리조개 회

이 거대한 뉴욕의 차이나타운에서 어딜 가야 정말 맛있는 음식을 먹을 수 있을지, 그 알갱이와 쭉정이를 구분하기란 항상 쉽지만은 않다.

레스토랑이라면 으레 내세울 만한 장기가 있게 마련이다. 그럼 오리엔탈 가든 레스토랑의 장기는? 의심할 것 없이 생선과 해산물 요리다. 가게 입구의 수많은 수족관만 봐도 이곳 음식이 얼마나 신선할지 확실히 알 수 있다.

수족관과 더불어 그날그날 주문 가능한 해산물들을 죽 진열해 놓은 냉장고도 볼 만한데, 손으로 채취한 가리비와 큼직한 껍질에 담긴 자연산 굴, 살아 있는 대하 등이 가득하다. 그리고 준비만 된다면야 모든 사람의 눈을 확 사로잡을 게 분명한 초거대 사이즈 대합조개,

일명 코끼리조개도 빼놓을 수 없다. 이 독특한 생명체는 지구에서 가장 오래 사는 생물 중 하나다. 종종 150년 이상 된 것이 잡히기도 한다. 코끼리조개의 영어 이름 지오덕geoduck은 워싱턴 주의 인디언들이 쓰던 러슛시드Lushootseed 언어에서 유래한 것으로, '깊게 파고들어간다'라는 뜻이다. 코끼리조개는 실제로 자신의 흡수관을 이용해 모래 깊숙이 파고들 수 있다. 흡수관은 길면 1미터까지도 돌출된다. 이 조개는 1970년경부터 상업적으로 양식되었는데, 그보다 훨씬 전부터 코끼리조개를 별미로 쳤던 걸 생각하면 왜 그렇게 양식을 늦게 시작한 것인지 좀 의아하다.

오리엔탈 가든 레스토랑의 요리는 하나같이 최고 수준인데, 그중에서도 코끼리조개 요리는 정말이지 마술 같다. 날것으로 얇게 썬 것은 일본식 회와 무척 비슷하다. 무척 강한 바다 냄새를 풍기는 흡수관 부위는 향기뿐 아니라 식감도 독특한데, 오리엔탈 가든에서는 그중에서도 단단한 부위에 밀가루 옷을 얇게 입혀 고온의 기름에서 재빨리 튀겨 낸다. 회와 튀김, 두 가지 조리법 안에 이 독특한 해산물의 순수한 맛이 고스란히 담겼다. 흔치 않은 귀한 식재료에 셰프가 경의를 표하는 것 같다. 가식 없고 차분한, 훌륭한 레스토랑이다.

4

YONAH SCHIMMEL

요나 쉼멜

주소: 137 E. Houston St.(1st Ave.와 2nd Ave. 사이), NY 10002
전화번호: (212) 477-2858
영업시간: 일~목요일 9 a.m. - 7:30 p.m. / 금~토요일 9 a.m. - 11 p.m.
홈페이지: www.knishery.com

뉴욕의 역사가 느껴지는
크니쉬

감자 크니쉬

크니쉬knish(또는 knysh)는 동유럽에서 무척 사랑받는 전통 음식으로, 간식으로도, 가벼운 식사로도 좋다.

이런 종류의 음식이 대부분 그렇듯 크니쉬도 여러 가지 모양으로 빚을 수 있고 속 재료도 이것저것 다양하게 넣을 수 있다. 반죽은 밀가루에 달걀과 약간의 식용유를 넣어 만들고, 속에는 보통 매시트포테이토와 다진 고기, 사워크라우트, 양파, 양배추 등을 넣는다. 한편 아슈케나지 유대인 이민자 사회에선 카샤(kasha, 굵게 부순 메밀로 시리얼이나 죽처럼 만들어 먹는다. 동유럽에 흔하다)를 넣은 크니쉬가 꽤 인기 있다. 크니쉬는 둥글거나 네모지게 빚을 수 있고 크기도 여러 가지인데, 간식으로 먹을 것인지 아예 한 끼 식사로 먹을 것인지에 따라 작거나 크게 마음대로 만들면 된다. 유대인이 많이 사는 도시에서는 맛있는 크니쉬를 파는 노점을 흔하게 볼 수 있다.

1890년경 루마니아에서 미국으로 이주한 요나 쉼멜Yonah Schimmel 은 집안 대대로 내려온 레시피로 만든 크니쉬를 노점에서 팔았다. 생각 이상으로 큰 인기를 끌자 그는 과감히 조카와 함께 이곳 휴스 턴 스트리트에 뉴욕 최초의 크니쉬 전문점을 열었다. 1910년의 일이 다. 몇 년 뒤 요나가 은퇴하면서 조카인 조셉 혼자 사업을 쭉 꾸려나 갔는데, 그 사이 대부분의 유대인이 로어 이스트사이드 쪽으로 이주 했지만 이 작은 가게만큼은 변함없이 이 자리를 지키고 있다. 크니쉬 의 맛도 물론 그대로다. 어느새 뉴욕의 랜드마크가 된 진짜배기 동 네 식당 요나 쉼멜은 우디 앨런의 영화 〈왓에버 웍스Whatever Works〉 나 뉴욕의 모습을 담는 작업으로 유명한 화가 헤디 페그리맨스키Hedy Pagremanski의 작품에도 등장한다. 이 그림은 뉴욕 박물관Museum of the City of New York의 영구 소장품이다. 이 근처를 산책하게 되거든 요나 쉼 멜에 들어가서 뉴욕의 역사를 맛보시길.

5

LAM ZHOU

람저우

주소: E. Broadway(Pike St.와 Rutgers St. 사이), NY 10002
전화번호: (212)566-6933
영업시간: 매일 10:30a.m. - 11:00p.m.

완벽한 국수
한 그릇이 탄생했다

다오샤오미엔

아시아에 갈 때마다 제일 먼저 하는 일 하나는 길에 널린 아무 국수집에나 쓱 들어가 따끈한 국수 한 사발을 홀홀 먹는 것이다.

맛있게 먹고 나면 왠지 집에 돌아온 것처럼 편안한 기분이 든다. 국수 그릇 안에 아시아식 환영 인사가 담겨 있다고나 할까.

기본 재료는 단순하다. 육수와 면발, 신선한 채소 한 줌, 생선이나 고기 조금, 그리고 향신료 정도다. 얼핏 봐선 별것 아닌 음식 같지만 다른 문화권의 국수를 먹을 땐 이렇게까지 근사한 맛과 푸근한 기분을 느끼기 어렵다는 걸 생각하면 얘기가 달라진다. 이런 국수를 먹으려면 결국 아시아에 가야만 하는 걸까?

그렇게 생각하니 람저우 레스토랑이 있는 게 얼마나 다행인지 모르겠다. 이곳은 인테리어 장식이라고 할 만한 게 딱히 없다. 알맹이, 그러니까 음식에만 집중하는 곳이다. 이스트 브로드웨이라는 동네는 사실 비주얼이 아름다운 곳이라고 할 수는 없고 이 레스토랑도 마찬 가지다. 하지만 절대 겉모습만 보고 무시해선 안 된다. 오히려 뉴욕의 중국인들은 거품 없는 알짜배기 식당이라는 사실 덕분에 이곳을 무 척 아끼고 사랑한다. 모두가 입을 모아 맛있다고 칭찬하는 곳이다.

람저우 레스토랑에선 갓 만든 국수 면발로 다양한 요리를 만든다. 대부분 국물에 말아 먹거나(이 집 육수는 풍미가 굉장하다) 다양한 재료들 과 함께 웍에서 후다닥 볶아 내는데 하나같이 모두 훌륭하다. 내 말 을 믿으시라. 특히 다오샤오미엔刀削麵은 두툼한 밀가루 반죽 덩어리를 칼로 재빨리 쳐서 만드는데, 작고 불규칙한 조각들이 크기도 두께도 다 달라서 씹는 맛이 다양하고 재미있다. 국수에 곁들이는 고명들도 하나같이 훌륭해 입안에서 맛이 폭발하는 것 같다. 특히 완벽하게 튀 긴 달걀 프라이가 음식의 완성도를 확 높여 준다. 완벽한 국수 한 그 릇이 탄생했도다!

6

RUTGER STREET FOOD CART

럿거 스트리트 푸드 카트

주소: E. Broadway와 Rutger St. 사이의 코너, NY 10002
영업시간: 매일 6:00a.m. - 4:00p.m.

중국에서 무척 사랑받는
간식거리

차예단

차이나타운의 자그마한 노점들은 각자 장기로 내세우는 메뉴가 하나씩 있다. 그중에서 나는 역시 차예단茶葉蛋이 제일 좋다.

차예단은 중국에서 무척 사랑받는 간식거리인데, 중국뿐 아니라 어디든 차이나타운이 있는 나라라면 그 인기는 어디 가지 않는다. 섬세한 향기가 배어든 근사한 대리석 무늬의 차예단은 눈으로 보기만 해도 좋지만 맛은 더욱 좋다. 만드는 법은 사실 꽤 간단하다. 우선 달걀을 완숙으로 삶은 다음 숟가락으로 껍질을 이리저리 톡톡 두드려 금이 가게 한다. 작고 고운 금이 갈수록 결과물이 예쁘게 나온다. 그다음 진하게 우려낸 중국차에 오향, 계피, 간장, 팔각, 펜넬 씨앗, 화자오(花椒, 산초의 일종으로 마라탕과 훠궈 등 매운 중국 요리에 많이 쓰인다), 정향 등을 섞은 국물을 준비한다. 달걀을 껍질째 이 안에 집어넣고 30분가량 더 끓인 후 불을 끈다. 국물에 담가 놓은 채로 식히는데, 맛과 색이 배도록 며칠간 가만히 놔둬야 한다. 완성된 차예단의 껍질을 벗기면 지극히 아름다운 모습이 드러난다. 중국차와 향신료에 물든 달걀이라니, 왠지 지적인 느낌이 든다. 물론 은은한 향기도 근사하다. 차예단은 진정 아는 사람만 아는 맛이다.

차예단, 어디서 먹을까?

중국 전통 음식 차예단은 이제는 아시아 곳곳에서 만날 수 있는데, 홍콩과 대만에서는 일부 편의점에서도 판매할 정도다. 편의점 문을 열면 특유의 향신료 냄새가 훅 끼친다. 우리나라에선 서울 영등포구 대림동의 연변거리(지하철 대림역 12번 출구 앞)나 안산 다문화거리(지하철 안산역 1번 출구 앞 지하보도 건너편) 등 중국 출신 이민자들이 많이 거주하는 지역에서 쉽게 만날 수 있다.

7

520-DESSERT

520 디저트

주소: 133-53 37th Ave. #101, Flushing, NY 11354
전화번호: (520)788-2887
영업시간: 월~일요일 정오 - 자정
홈페이지: www.facebook.com/Indessert

입안에 확 퍼지는
망고의 맛

망고 포멜로 사고 수프

조 웅아이와 메이 단 후앙, 두 사람은 모두 홍콩 출신으로 차이나 타운에서도 유난히 돋보이는 이 레스토랑의 공동 오너다.

520 디저트 레스토랑의 광둥식 디저트는 비주얼은 모던하지만 만드는 방식만큼은 오래된 전통 방법을 고수한다. 이곳은 밝은 조명과 청결한 실내, 깔끔한 인테리어까지 여느 차이나타운 가게들과는 사뭇 다르다. 흔히들 차이나타운에선 뭐든지 구할 수 있다고 하지만 희한하게도 520 디저트 같은 제대로 된 디저트 전문점은 아직 없었다. 메이 단 후앙 셰프는 광둥의 디저트인 통슈이(糖水, 훌훌 떠 마실 수 있는 달콤한 수프 같은 디저트)에 특히 강하다.

통슈이의 한 종류인 사고Sago 수프는 일반적으론 사고 알갱이(사고 야자나무에서 추출한 전분으로 만든 흰색의 쫄깃한 알갱이)와 우유, 코코넛 밀크로 만드는데 520 디저트 레스토랑에서는 여기에 잘 익은 망고를 더한다. 입에 넣자마자 완전히 압도될 정도로 망고 향기가 강렬하다. 여기에 포멜로 과육을 넣어 전체적인 밸런스를 맞춘다. 검은깨로 만든 디저트들도 하나같이 맛있다. 그동안 브뤼셀에서부터 홍콩에 이르기까지 세계 곳곳에서 꽤 많은 검은깨 디저트를 먹어 봤지만, 이곳에서만큼 섬세하고 정교한 맛을 내는 건 드물었다. 그중에서도 검은깨 탕위엔湯圓을 추천하고 싶다. 달콤하고 묽은 검은깨 페이스트가 들어 있는 찹쌀 경단을 시럽에 띄운 것이다. 520 디저트에선 어떤 걸 먹든 정신을 바짝 차려야 할 것이다. 이렇게 섹시한 디저트라니, 난생처음 만나는 것일 테니까.

통슈이를 맛보자

광둥 지방의 전통 음식 통슈이糖水는 식사 맨 끝에 나오는 달콤한 수프 형태의 디저트로 따뜻하게 먹는 경우가 많다. 광둥은 습하고 더운 지역이라 이곳 사람들은 예로부터 건강을 위해 몸에 좋은 재료로 통슈이를 만들어 먹었다. 대표적인 통슈이로는 검은깨를 곱게 갈아 설탕과 함께 물에 넣고 끓인 치마후芝麻糊, 연두부와 비슷한 부드러운 두부에 달콤한 설탕 시럽을 끼얹은 더우화豆花, 타피오카 펄과 코코넛 밀크, 연유 등을 섞은 시미루西米露(본문의 사고 수프가 바로 시미루이다), 일명 거북이 젤리로도 불리는 구일링카오龜苓膏 등이 있다. 검은색의 구

일링카오는 과거엔 실제로 거북의 등껍질을 갈아서 넣었지만, 현재는 다양한 약재와 허브를 이용해 쌉쌀한 맛과 특유의 색을 만들어 낸다. 팥과 설탕을 물에 넣고 끓인 홍더우탕红豆汤은 단팥죽보다 묽고 팥알갱이가 그대로 살아 있다. 광둥 지방, 특히 홍콩에서는 딤섬을 즐기고 난 후에 다양한 통슈이를 맛볼 수 있다.

8

TAQUITORIA

타퀴토리아

주소: 168 Ludlow St.(E Houston St.와 Stanton St. 사이), NY 10002
전화번호: (212)780-0121
영업시간: 화~일요일 4:00p.m. - 2:00a.m.
홈페이지: www.taquitoria.com

타퀴토를
먹어 보자

타퀴토

타퀴토taquito 또는 플라우타flauta(악기 플루트flute의 스페인어로 음식 모양이 플루트를 닮아 그렇게도 부른다)는 토르티야에 속에 재료를 넣고 단단하게 말아서 튀긴 음식이다.

타퀴토는 미식가들이 폼내며 즐길 만한 섬세한 음식으로 대접을 받지는 못한다. 그저 먹을 만한 간식거리라는 정도의 평가나 받을 뿐이지만 그래도 인기 하나는 아주 좋다. 그런데 시간이 흐르면서 다른 많은 간식거리가 새로운 스타일로 환골탈태해서 핫한 장소에서 비싸게 팔리는 동안 타퀴토는 딱히 달라진 것 없이 계속 같은 자리에 있었다. 동네 슈퍼마켓에서 데워 파는 싸구려 핫도그 같은 취급이나 받으면서 말이다. 뭐 좋다. 지금까지야 그랬지만 이제 모든 게 달라질 것이다. 타퀴토리아 레스토랑 식구들이 모두 힘을 합해 그동안의 억울한 악명에서 타퀴토를 구해 내기로 결심했으니까.

타퀴토를 만들기 위해선 세 가지 재료가 필수적이다. 토르티야, 속 재료, 그리고 소스. 토르티야는 반드시 아주 바삭해야 하는데, 타퀴토리아 레스토랑에선 만든 지 두 시간이 지나도 여전히 바삭함을 유지할 수 있는 새로운 방식을 개발했다. 6인치짜리 토르티야를 낮은 온도의 기름에서 한 번 튀긴 다음 높은 온도에서 한 번 더 튀기는 것인데, 벨기에식 감자튀김을 만드는 원리와도 일맥상통한다. 타퀴토에 넣는 식재료들은 모두 최고의 제품만을 고집한다. 이름난 가금류 공급업체인 벨&에반스(www.bellandevans.com)의 닭고기를 두 시간 동안 염지한 후 뱃치22(Batch22) 상표의 블러디메리 소스를 듬뿍 발라 석쇠에 올려 굽는다. 이 소스는 TV 요리 경연 프로그램인 〈아이언 셰프 Iron chef〉에 출연해 유명해진 마크 포르지오네 셰프가 개발한 것인데 와사비의 톡 쏘는 맛과 겨자의 풍미가 근사하다. 닭고기가 다 익으면 멕시코에서 만든 최고의 핫소스인 촐룰라Cholula 핫소스를 살짝 뿌린다. 멕시코에서 만든 최고의 핫소스다. 그 위에 매콤하고 짭조름한 할라페뇨 피클을 다진 것과 구아카몰레를 얹고 판초 소스(pancho sauce, 마요네즈, 케첩, 칠리 소스, 우스터 소스, 호스래디시, 생강, 식초 등을 섞은 소스)를 뿌린 후 마지막으로 사워크림을 살짝 올리면… 가게 주인 말마따나 죽어도 잊지 못할 환상적인 타퀴토가 완성된다.

타퀴토리아의 벽은 온통 정신없는 그래피티로 가득한데, 그렇다고

해서 괜히 좀 이상한 가게가 아닐까 하고 오해는 하지 말자. 여긴 마크 포르지오네 셰프의 레스토랑에서 함께 일했던 세 명의 요리사들이 의기투합해 말 그대로 맨 밑바닥에서부터 시작한 곳이니까. 지금껏 먹어 본 중 최고의 타퀴토다. 훌륭하다.

LOS PERROS LOCOS
로스 페로스 로코스

주소: 201 Allen St.(E. Houston와 Stanton St. 사이), NY 10002
전화번호: (212)473-1200
영업시간: 일~수요일 정오 - 1:00a.m. / 목요일 정오 - 3:00a.m. / 금~토요일 정오 -
4:00a.m.
홈페이지: www.losperroslocos.com

이 동네 제일가는
맛 좋은 핫도그

특제 핫도그, 아메로페로

소시지는 가공식품 중에서도 가장 오랜 역사를 자랑한다. 심지어 호메로스의《오디세이아Odyssey》에도 등장할 정도다.

프랑크푸르트 소시지의 유래에 대해선 의견이 무척 분분하다. 우선 15세기에 독일 프랑크푸르트에서 탄생한 소시지라 도시 이름을 따서 명명했다는 설이 있다. 하지만 반대 의견도 있는데, 17세기 후반에 독일 바이에른 주 코부르크Coburg의 한 정육업자가 개발한 소시지라는 설이다. 코부르크에서 큰 인기를 얻은 후 대도시인 프랑크푸르트에 진출해 사업을 확장했다나. 그 와중에 오스트리아 사람들도 끼어들어 이 소시지의 진정한 발상지는 빈이라며 항의하기도 하고. 어쨌든 지난 1987년 프랑크푸르트 시가 프랑크푸르트 소시지 탄생

500주년 기념행사를 벌인 것은 확실한 사실이다.

그래서 진실은 대체 어디에 있냐고? 이제 와서 우리가 그걸 알 방법은 없다. 그뿐만 아니라 대체 어느 누가 이 소시지를 빵에 끼워 먹기 좋게 만들 생각을 했는지도 역시 알 수 없다. 1860년경에 이름이 알려지지 않은 독일 이민자가 뉴욕 보워리 지구에 노점상을 열어 핫도그를 처음으로 선보였다는 설이 있긴 하다. 하지만 확실히 기록된 사실은 1870년에 찰스 펠트먼이라는 사람이 코니아일랜드 유원지에 최초의 핫도그 노점을 열었다는 것이다. 그는 장사를 시작한 첫해에만 무려 3,684개의 핫도그를 팔아치웠는데, 이 가게는 오늘날까지도 그 긴 역사를 쭉 이어가고 있다. 나이가 좀 든 핫도그 마니아들은 코니아일랜드의 핫도그는 알아도 로스 페로스 로코스 레스토랑의 잘 모를 공산이 크다. 그래서 이곳의 오너 알렉스 미토우는 젊은 사람들뿐 아니라 기성세대에게도 핫도그 역사의 한 획을 그을 이 새로운 핫도그 전문점을 알리기 위해 노력 중이다. 알렉스 미토우는 중남미 이민자들이 많기로 유명한 마이애미에서 나고 자란 사람답게 중남미 음식을 무척 좋아하는데, 핫도그라는 음식마저도 중남미 스타일로 재정립할 정도다. 어느 늦은 밤, 술집에 앉아 칵테일을 몇 잔째 쭉쭉 들이키던 알렉스 미토우의 눈에 갑자기 안주 접시가 확 들어왔는데, 그저 핫도그 위에다 프렌치프라이를 쌓아 놓은 평범한 음식이었지만 그걸 보자마자 알렉스의 머리에 근사한 아이디어들이 떠올랐다. 로스 페로스 로코스 레스토랑의 메뉴들은 이런 식으로 하나둘 탄

생했다.

핫도그 르네상스를 일으키기에 딱 맞는 장소를 물색하던 그의 눈에 로어 이스트사이드의 빈 가게 터가 들어왔다. 한때 중국식 빵집이었던 자리로 근사하게 새 단장을 할 필요가 있었는데, 철골과 화려한 네온 장식에 이 지역 스트리트 아트 팀의 끝내주는 그래피티까지 더해져 기존의 낡은 공간이 완전히 새롭게 태어났다.

이곳에서 꼭 먹어야 할 메뉴 중 하나는 살치파파스salchipapas다. 페루와 콜롬비아, 볼리비아 등에서 흔히 먹는 음식으로 프렌치프라이와 소시지, 양배추 코울슬로 등을 한 접시에 담는다. 프렌치프라이의 새로운 버전이라고 할 만하다. 로스 페로스 로코스 레스토랑의 핫도그와도 환상적으로 잘 어울린다. 이곳의 특제 메뉴인 아메로페로Amerro-Perro는 맥주와 카카오로 풍미를 업그레이드한 쇠고기 칠리를 맛 좋은 핫도그에 듬뿍 끼얹은 다음 그 위에 버몬트산 치즈를 수북이 갈아 올린 후 치폴레(chipotle, 말린 할라페뇨를 훈제한 것)를 섞은 사워크라우트를 얹고 옥수수칩을 부숴서 뿌린 후 가게에서 만든 비장의 소스로 화룡점정을 찍는다. 이 동네 제일가는 맛있는 핫도그, 완성!

10

ODESSA

오데사

주소: 119 Ave. A(E. 7th St.와 St. Marks Place 사이), NY 10009
전화번호: (212)253-1482
영업시간: 월~목요일 8:00a.m. - 2:00a.m. / 금요일 8:00a.m. - 자정 / 토요일
24시간 영업(일요일 아침 8:00a.m.까지)

폴란드의 국민 음식
피에로기

피에로기

다이너 식당이 뉴욕에서 서서히 사라지고 있다는 건 무척 아쉬운 일이다. 마치 쇠락해 가는 왕국을 보는 듯 씁쓸하다. 다이너는 그 지역의 영혼을 느낄 수 있는 최고의 장소이기 때문이다.

그래도 아직은 다행이다. 맨해튼 알파벳시티 지역 끝자락, 톰킨 스퀘어 공원Tompkins Square Park 근처엔 괜찮은 다이너 식당 한 곳이 남아 있다. 오데사 레스토랑은 왠지 이 자리에 영원히 있어 줄 것만 같은 곳이다. 이 동네에 온 이상 여길 그냥 무시하고 휙 지나치는 건 불가능하다. 문을 열고 들어가 그 전설적인 피에로기pierogi를 야금야금 맛있게 먹지 않을 수 없다. 아침이면 밤새 클럽에서 끝장나게 놀다 온 클럽 마니아들이 꽤 많이들 찾아오는데, 그사이에 끼어 앉아 있으니 왠지 나도 클러버가 된 것 같다. 오데사 레스토랑의 아침 메뉴는 무척 전통적이고, 뭘 주문하더라도 제대로 잘 차려져 나온다. 직원들은 모두 친절하다. 대부분의 다이너 식당이 그렇듯 커피만큼은 마실 게 못되지만 리필을 하겠느냐는 질문을 받으면 희한하게도 고개를 끄덕이게 된다.

어쨌든 확실한 건 이거다. 오데사 레스토랑에 와서 피에로기를 먹지 않고 그냥 나갈 수는 없다는 것. 그건 정말이지 말도 안 되는 짓이다. 폴란드식 만두 피에로기는 보통 반원형 모양으로 빚어 만들고, 굽거나 찌는 등 여러 방식으로 익혀 먹는다. 크기가 작은 편이라 최소한 여덟 조각은 먹어야 기별이 간다. 피에로기는 폴란드의 국민 음식으로 국경을 넘어 동유럽 전역에서 널리 사랑받는데, 고기를 푸짐하게 듬뿍 넣는 곳에서부터 달콤한 재료를 넣는 곳까지 지역마다 다양한 속 재료로 맛을 낸다. 특히 다진 고기와 사워크라우트 또는 생양배추를 넣은 것이 무척 맛있다. 만약 피에로기 원정대를 꾸려 오데사 레스토랑을 정복하러 갈 계획이 있다면 주문할 때 반은 굽고 반은 튀겨서 달라고 하자. 다 맛있으니까.

피에로기란?

피에로기는 폴란드를 대표하는 전통 요리로 슬로바키아와 우크라이나, 러시아, 라트비아, 리투아니아 등에서도 널리 먹는다. 피로시키 또는 바레니키라고도 부른다. 이탈리아의 탐험가 마르코 폴로가 중

국의 만두를 동유럽에 전파했다는 설이 있다. 이스트를 넣지 않은 밀가루 반죽을 두툼하게 밀어 편 다음 다양한 재료를 넣고 끝을 오므려 끓는 물에 넣고 삶는다. 보통은 반원형 모양으로 빚지만 삼각형이나 사각형으로도 만든다. 속 재료는 감자, 사워크라우트, 간 고기, 치즈 등을 넣고 사워크림과 양파 튀김 등을 곁들여 먹는다. 체리나 딸기, 라즈베리, 복숭아, 사과 등 신선한 계절 과일을 넣은 달콤한 피에로기도 있다. 폴란드의 옛 수도 크라쿠프에서는 매년 여름 피에로기 페스티벌이 열리는데 하루에 3만여 개 이상의 피에로기가 소비될 정도로 인기가 높다.

11

ZUCKER BAKERY

주커 베이커리

주소: 433 E. 9th St.(Ave. A와 1st Ave. 사이), NY 10009
전화번호: (646)559-8425
영업시간: 화~금요일 8:00a.m. - 6:00p.m. / 토~일요일 9:00a.m. - 7:00p.m.
홈페이지: www.zuckerbakery.com

인생을 담은 빵

로즈 페이스트리

오데사에서 든든하게 아침을 먹었다면 바로 옆의 이 사랑스러운 빵집에 묻지도 따지지도 말고 일단 들르자. 푸근한 맛의, 제대로 만든 빵이 가득하다.

동화 속 과자로 만든 집 같은 이곳 주커 베이커리에서 솔솔 풍기는 은은하고 달콤한 향기를 맡으면 또 어떤 맛있는 것들이 숨어 있을지 자꾸만 궁금해진다.

오너 조하르 조하르 셰프는 어릴 적 할머니 집에 갈 때마다 맡은 향긋한 빵 냄새를 떠올리며 주커 베이커리를 오픈했다. 이곳의 갓 구운 쿠키와 케이크의 근사한 풍미 앞에선 나 역시 우리 할머니가 구워주시던 온갖 맛있는 것들을 떠올리게 된다. 하지만 좀 더 신경을 써서 코를 쿵쿵거려 보면 조하르의 재능이 할머니보다 한 수 위라는 걸 금방 알 수 있다. 이 빵 냄새, 범상치 않아! 알고 보니 조하르는 대니얼 불루드와 데이비드 보울리 같은 이름난 셰프의 레스토랑에서 제빵 기술을 연마한 프로였다.

주커 베이커리의 절묘한 케이크, 예를 들어 끝내주는 초콜릿 바브카(Babka, 효모로 부풀린 달콤한 빵으로 유대인들이 많이 먹는다)라던가 다양한 페이스트리에 이국적인 중동의 향취가 스며들어 있는 건 아마 이스라엘 태생이라는 그녀의 출신 배경 때문일 것이다. 페이스트리 중에서 특히 '로즈'라는 제품이 유난히 맛있는데, 시나몬 롤과도 꽤 비슷한 빵으로 지금껏 먹어본 페이스트리 중에서도 최고 수준이다. 이거야말로 진정 먹는 보람이 있는, 짜릿한 맛이다. 조하르는 빵 안에 인생을 담아낸다. 정향의 향기가 물씬 풍기는 루겔라흐(rugelach, 사워크림을 넣은 반죽에 건포도와 견과류, 말린 과일, 초콜릿 등을 넣고 크루아상 모양으로 말아 구운 유대인의 빵), 대추야자를 넣은 페이스트리를 곁들인 할바(halvah, 밀가루와 설탕, 기름, 견과류 등을 가열해 끈적한 반죽 형태로 만들어 굳힌 것), 카다몸 쿠키 등, 이 작은 빵집 안에는 다채로운 시도가 가득하다.

12

OTTO'S TACOS

오토스 타코스

주소: 141 Second Ave.(E. 9th St.와 St. Marks place 사이), NY 10003
전화번호: (646)678-4018
영업시간: 일~목요일 11:00a.m. - 11:00p.m. / 금~토요일 11:00a.m. - 자정
홈페이지: www.ottostacos.com

고르곤

타코는 오랜 역사의 멕시코 전통 음식으로, 옥수수가루로 만든 토르티야에 속 재료를 넣어 만 것이다. 요즘 아이들은 타코가 타코벨Taco Bell의 약자인 줄 안다지만.

유럽인이 처음으로 타코를 먹은 것은 1520년 스페인 정복자 에르난 코르테스Hernan Cortés가 멕시코 코요아칸에서 부하들을 위해 베푼 연회 자리에서였다고 전해진다.

오토스 타코스는 그랩-앤-고(grab-and-go, 포장만 가능한 식당) 스타일의 가게다. 그랩-앤-고는 로스앤젤레스에선 흔히 볼 수 있지만 뉴욕에는 별로 없다 보니 금방 눈에 띈다. 창업자 오토 세데노와 셰프 조로니그로 두 사람은 모두 뉴욕 토박이는 아니지만 뉴욕 레스토랑들의 전통을 고수하고 있는데, 바로 환상적인 요리를 창조한 다음 사람들에게 최대한 그 사실을 숨기는 전통이다. 이 말인즉슨 이 식당엔 메뉴판에는 없는 비밀 메뉴가 존재한다는 소리다. 오토스 타코스의 환상적인 비밀 메뉴는 바로 고르곤gorgon 이다. 그 이름만 들어도 입에서 침이 줄줄 흐른다. 파블로프의 개가 따로 없다.

이 집 토르티야는 재료부터 직접 준비해 일일이 한 장 한 장 만드는데, 고르곤 주문이 들어오면 특히 한층 더 신경 써서 만든다. 토르티야를 종잇장처럼 얇게 민 다음 튀기는데, 이러면 마치 크루아상과 비슷한 질감이 탄생한다. 여기에 완벽하게 양념해 갓 구운 고기를 취향대로 골라 넣은 후 가게에서 직접 만든 구아카몰레와 세라노 고추(Serrano pepper, 멕시코가 원산지인 고추 품종으로 청양고추의 2~4배가량 맵다)를 넣은 크림, 다진 양파와 싱싱한 코리앤더를 넣는다. 중독성 강한 독특한 조합이다. 이런 식으로 얇게 밀어서 튀긴, 보송보송하게 부푼 토르티야로 만드는 타코는 텍사스 주 남부 샌 안토니오 스타일인데 그 먼 곳까지 가느니 오토스 타코스에서 먹는 게 낫다.

이 비밀 메뉴 고르곤은 친구들이 슬쩍 귀띔해 준 덕분에 알게 된 것이다. 이걸 먹을 때면 가게 안의 다른 손님들이 언제나 나를… 아니지, 나의 고르곤을 탐욕스러운 눈으로 뚫어져라 바라보며 대체 저게 뭔지 궁금해한다. 미안합니다, 여러분. 이건 착한 사람들에게만 보이는 메뉴랍니다.

DICKSON'S FARMSTAND

딕슨스 팜스탠드

주소: 75 9th Ave.(16th St.와 15th St. 사이, 첼시 마켓 내 입점), NY 10011
전화번호: (212)242-2630
영업시간: 월~토요일 10:00a.m. - 8:30p.m. / 일요일 10:00a.m. - 8:00p.m.
홈페이지: www.dicksonsfarmstand.com

최고의 장인이 운영하는
육가공품 가게

샤퀴테리

첼시 마켓에 갈 때마다 이 육가공품 가게에 홀린 듯 들어가게 된다. 최고의 장인이 운영하는 곳이다.

고기와 육가공품을 주제로 대화를 나눌 때면 딕슨스 팜스탠드의 오너 테드 로젠의 눈은 언제나 행복하게 반짝거린다. 그리고 직접 만든 제품을 맛있게 먹는 손님들을 볼 때면 그 반짝거림은 배가 된다.

숙련된 장인이 제대로 만든 샤퀴테리(charcuterie, 햄, 소시지, 파테, 테린 등의 육가공품을 통칭하는 프랑스어)는 사실 뉴욕에선 좀 찾기 어려운 편이다. 그러니 그것 없이는 못 사는 나 같은 사람에게 딕슨스는 그야말로 오아시스 같은 곳일 수밖에. 샤퀴테리는 주기적으로 먹어야 하는 마약 같은 음식이라고! 누구든 딕슨스 팜스탠드에 들어와 한번 둘

러보기만 하면 이곳이 그저 그런 평범한 정육점이 아니란 사실을 금방 알아챌 수 있을 것이다. 여긴 잘린 고기를 받아서 판매하는 곳이 아니라 완전한 동물 형태에서부터 작업을 시작하는 곳이다. 즉 도축 과정을 마친 가축이 곧바로 딕슨스로 옮겨진 후 숙련된 정육업자들의 손에서 완전히 분해된다는 이야기다. 바로 여기, 코앞에서. 가게를 찾은 손님들은 누구나 그들의 민첩한 손놀림을 볼 수 있다. 가장 비싼 부위는 카운터의 좋은 자리에 놓여 전시되고, 상대적으로 저렴한 부위는(그런데 의외로 그런 부위가 더 맛있다) 샤퀴테리 작업장으로 옮겨져 파테와 햄, 염장육인 코파coppa, 베이컨과 파스트라미, 초리조 소시지, 핫도그용 소시지, 리예트(rillettes, 깍둑 썰기한 돼지고기를 돼지 지방과 소금에 채워 약한 불에서 익힌 것)와 블러드 소시지 등으로 다시 태어난다.

딕슨스에서 판매하는 모든 육류는 지속 가능한 축산업을 고수하는 소규모 농장에서 생산한 가축으로 만들어진다. 이 소규모 농장들은 토종 육류만 기르며, 어떤 종류의 항생제나 호르몬제도 사용하지 않는다. 네발짐승의 꿈의 공간이랄까. 딕슨스 팜스탠드에 갈 때면 맛좋은 햄을 넣은 샌드위치를 주문해 먹고, 온갖 다양한 육가공품들을 양손 가득 사 들고 나오게 된다. 돼지고기와 쇠고기, 양고기, 그리고 가금류까지 모두 환상적인 최고의 가게다.

NOM WAH TEA PARLOR

놈 와 티 팔러

주소: 13 Doyers St.(Bowery St.와 Pell St. 사이), NY 10013
전화번호: (212)962-6047
영업시간: 10:30a.m. – 10:00p.m.
홈페이지: www.nomwah.com

딤섬 요리사들은
진정한 예술가

춘쥐엔

차이나타운의 도이어스 스트리트는 이젠 사람들에게 점점 잊혀
가는 동네지만 그래도 나름 흥미진진한 역사를 담고 있다. 1791년
엔 네덜란드 이민자인 헨드릭 도이어Hendrik Doyer가 이 거리에 양조
장을 세웠다. 이 거리의 이름은 그에게서 따온 것이다. 1893년에서
1911년 사이에는 뉴욕 시 최초의 중국 경극 극장이 운영되기도 했다.

도이어스 스트리트는 큰길에서 안쪽으로 구부러져 있는데, 마치
살그머니 숨어 있는 듯한 모양새라 과거 동양계 갱들이 이 골목에서
수없이 많은 총격전을 벌였다. 오죽하면 'The Bloody Angle(피비린
내 나는 골목)'이란 별명이 붙었을까. 미국 그 어느 곳에서도 한 골목
안에서 이렇게 많은 사람이 살해당한 경우는 없다.

1920년, 중국 이민자인 최 씨 가족이 도이어스 스트리트에 중국식 제과점 겸 찻집 놈 와 티 팔러를 열었다. 맛있는 월병과 단팥을 넣은 중국 과자, 그리고 아몬드 쿠키로 금세 유명해졌는데 지금도 여전히 많은 사랑을 받는 명물이다. 가게 임대 기간이 끝날 무렵인 1968년이 되자 당시 매니저였던 월리 탕Wally Tang의 주도로 바로 근처로 이사했고, 지금까지 그 장소에서 운영 중이다. 월리 탕은 16살 때인 1950년부터 이곳에서 쭉 일하다 1974년에는 가게를 인수했다. 현재는 그의 가족들이 명맥을 이어가고 있다.

딤섬은 내가 가장 좋아하는 식사 방식이다. 누가 뭐래도 그렇다. 진짜배기 딤섬 요리사들이 믿을 수 없을 만큼 모양도 맛도 다양한 딤섬들을 재빠르게 만들어 내는 모습은 언제나 경탄스럽다. 손님들 모두 무척 아늑하고 기분 좋게 이 맛있는 음식을 음미한다.

딤섬点心을 글자 그대로 풀이하면 '마음에 점을 찍는다'는 의미가 된다. 많은 사람이 딤섬이 음식의 이름이라고 잘못 알고 있지만 실은 이건 하나의 식사 방식을 뜻하는 용어다. 광둥 지방에서는 '차를 마신다'는 의미의 얌차飲茶라고도 부르는데, 이쪽이 딤섬 문화의 뿌리를 좀 더 명확하게 드러낸다. 딤섬이란 실크로드를 따라 여행하던 사람들이 차와 함께 간단한 음식을 먹던 습관에서 유래하기 때문이다. 딤섬 재료는 워낙 무궁무진한데, 개중엔 대체 어떤 맛일지 상상도 가지 않아 입에 넣으려면 꽤나 큰 용기가 필요한 것도 많다. 재료와 조리법의 다양성, 맛의 순수성, 그리고 특히 식감을 다양하고 자유롭게 활용

한다는 점에서 딤섬 요리사들은 진정한 예술가라고 추켜세울 만하다.

놈 와 티 팔러의 딤섬은 중국 외의 나라에서 맛본 딤섬 중에서도 최고 수준이다. 시우마이(燒賣, 다진 돼지고기, 새우 등을 넣어 꽃 모양으로 빚어 찐 만두)와 하가우는 그야말로 완벽하고 순수하다. 그리고 무엇보다도 이곳의 전설적인 춘쥐엔(春卷, 얇은 밀가루 피에 다양한 채소와 고기 등을 넣어 돌돌 말아 튀긴 춘권)은 그야말로 미친 듯이 맛있다. 맛있는 껍질 속에 싸여 있는 종잇장처럼 얇은 달걀지단과 바삭하게 볶은 물밤, 셀러리와 숙주, 그리고 그 외의 다양한 채소들… 춘쥐엔은 완벽한 맛을 품은 기념비적인 요리다.

15

66 AMAZING

어메이징 66

주소: 66 Mott St.(Canal St.와 Bayard St. 사이), NY 10013
전화번호: (212)334-0099
영업시간: 매일 11:00a.m. - 11:00p.m.
홈페이지: www.amazing66.com

중국 광둥 지역의
특선 요리들

개구리 요리

독일 모젤에서 최상급의 리슬링 와인을 만드는 친구가 나를 보러 뉴욕으로 날아왔다. 나는 친구를 데리고 차이나타운의 한 해산물 전문 식당으로 향했다. 그곳에선 수많은 눈이 우리를 뚫어져라 바라보고 있었다. 물 밖으로 툭 튀어나온 눈만 내밀고 껌뻑대는 커다란 개구리들 말이다.

차이나타운에서 개구리 요리를 가장 맛있게 하는 곳이 어디냐고 묻는다면 대답은 당연히 어메이징 66이다. 친구나 나나 둘 다 모험심 빼면 껍데기인 식도락가들이라 이 식당의 놀라운 음식들을 신나게 탐험하기 시작했다.

이곳의 오너 헬렌 응은 전통 중국 가정식 스타일의 요리에 무척 자부심이 있는 사람이다. 어메이징 66의 메뉴는 주로 광둥 지역의 특선 요리들로 이루어져 있는데 그중에서도 다양한 개구리 요리는 하나같이 전부 근사하다. 훌륭한 반죽 옷을 입혀 튀긴 반건조 개구리 다리도 맛있고, 밤을 넣어 끓인 신선한 개구리 스튜도 일품이다. 특히 삶은 개구리를 흑후추 소스에 볶아 볶음밥을 곁들인 요리Frog and twin rice가 끝내준다. 중국의 볶음밥은 다양한 재료를 사용하고 맛의 균형도 뛰어난데, 어메이징 66에선 개구리를 넣어 풍미를 확 살린다. 맛, 바삭함, 그리고 입안에서 어우러지는 다양한 식감까지 지금껏 먹어 본 쌀 요리 중에서도 손꼽을 만하다. 훌륭한 셰프의 출중한 기술이 마치 그림처럼 눈앞에 그려진다. 어메이징 66의 셰프는 원래 솜씨가 좋은 사람인데 끊임없이 더 맛있는 요리를 요구하는 깐깐한 미식가 오너를 만나 자신의 한계에 항상 도전하고 있다.

어메이징 66은 단순히 개구리 요리만 잘하는 게 아니다. 훨씬 다양하고 훌륭한 요리가 많다. 이 집 단호박 요리만 해도 쓰러질 만큼 맛있는데, 약한 불에서 천천히 익힌 끝내주게 맛있는 쇠고기를 단호박 안에 넣고 통째로 상 위에 올린다. 그 외에도 모양도 맛도 근사한 요리들이 가득하니 망설이지 말고 오너인 헬렌에게 뭘 먹어야 좋을지 물어보자. 어메이징 66은 진정 어메이징하다. 아마 당신도 이곳을 사랑하게 될 것이다.

16

DI PALO
디 팔로

주소: 200 Grand St.(@Mott St.), NY 10013
전화번호: (212)226-1033
영업시간: 월~토요일 9:00a.m. - 6:30p.m. / 일요일 9:00a.m. - 4:00p.m.

이보다 더 좋은
모차렐라는 없다

모차렐라

디 팔로는 단순히 리틀 이탈리아의 유제품 상점이 아니라 그 이상의 의미를 가진 곳이다. 이 소박한 가게의 역사는 1903년, 사비노 디팔로가 기존의 인생 계획을 과감히 수정하면서 시작되었다. 다른 많은 이탈리아인처럼 미국으로의 이민을 결심한 것이다.

이탈리아 남부 바실리카타 주 몬테밀리오네의 작은 마을에서 태어난 치즈 제조업자는 그렇게 모든 것을 뒤로하고 미국으로 떠났다. 가족과 친구, 그리고 평생을 일군 농장까지 모두. 이후 사비노 디 팔로는 뉴욕의 리틀 이탈리아 지역에 정착해 라테리아(latteria, 유제품 전문점을 뜻하는 이탈리아어)를 열었고, 1914년 1차 세계대전이 발발하면서 고향의 가족들도 뒤따라 미국으로 건너와 사비노와 다시 뭉쳤다.

그들은 고향 바실리카타에서 대를 이어 해 왔던 치즈 제조업의 전통을 뉴욕에서도 계속 이어가기로 마음을 모았다.

1925년, 사비노의 딸 콘체타는 아버지의 가게에서 반 블록쯤 떨어진 곳인 모트 스트리트와 그랜드 스트리트의 교차점에 가게를 열어 아버지와 남편이 함께 만든 치즈를 팔기 시작했다. 현재의 디 팔로가 위치한 자리다. 지금은 사비노의 5대손들이 가게에서 직접 만든 치즈와 더불어 고향 이탈리아의 최고급 치즈와 육가공품을 수입해 함께 판매하고 있다. 조상의 뜻을 후손들이 확장시킨 셈이다. 디 팔로에서 생산하는 치즈는 카쵸카발로caciocavallo와 프로볼로네provolone, 페코리노 로마노pecorino romano, 그리고 이곳 최고의 작품인 세상에서 가장 맛있는 모차렐라다.

모차렐라라는 단어는 잘라낸다는 의미의 이탈리아어 동사 모차레mozzare에서 왔다. 진한 물소 젖으로 만드는 이 맛있는 치즈는 오랫동안 오로지 이탈리아 남부에서만 생산되었다. 모차렐라가 최초로 문헌에 등장한 것은 르네상스 시대의 저명한 이탈리아 요리사 바르톨로메오 스카피Bartolomeo Scappi가 1570년에 저술한 요리책에서다.

엄밀히 말해 이곳의 모차렐라는 물소 젖이 아니라 우유로 만들기 때문에 피오르 디 라테fior di latte라고 부르는 것이 맞다. 여기서는 편의상 모차렐라라고 하겠다. 이곳 디 팔로에선 가게 안에서 직접 모차렐라를 만들어 판매한다. 더 이상 신선할 수 없는 맛이다. 일전에 벨기에에서 레스토랑을 운영하는 친구 하나를 이 집에 데려간 적이 있

는데, 그에게 "넌 이제 최고의 모차렐라를 먹게 될 거야"라고 말했다. 그런데 사실 이 친구는 이탈리아 남부를 자주 방문하는 데다 심지어 거기에 자기 땅까지 있는 사람이라 내 말을 푸하하 비웃으며, 모차렐라를 사러 이탈리아에 직접 가는 사람에게 대체 뭔 소리를 하는 거냐고 대꾸했다. 뉴욕 한가운데에 과연 그를 만족시킬 모차렐라가 있을까? 어쨌든 우리는 디 팔로의 모차렐라를 한 덩어리 샀고, 가게 문을 나서기도 전에 먹어치웠다. 나에게 대놓고 말하진 않았지만 난 그의 얼굴만 슬쩍 보고도 무슨 생각을 하는지 딱 알 수 있었다. "와, 이거 진짜 맛있잖아!" 디 팔로는 그러니까, 이런 가게인 것이다. 모두가 이미 알고 있는 것을 만드는 곳, 하지만 그걸 맛본 모든 사람이 지금까지 내가 먹었던 건 대체 뭐였나 하는 생각을 하게 만드는 곳. 어째서 난 그동안 이렇게 맛있는 걸 두고 거지같은 모차렐라 따위를 먹어왔던 거냐고.

디 팔로는 뉴욕을 떠나 있을 때면 제일로 그리워지는 곳 중 하나다. 사비노와 그의 후손들 모두에게 감사한다. 당신들의 모차렐라, 아니 피오르 디 라테는 진심으로 최고예요.

프로볼로네, 페코리노 로마노, 카쵸카발로

프로볼로네는 남부 이탈리아에서 만들기 시작한 치즈로 현재는 롬바르디아 주와 베네토 주에서 주로 생산한다. 우유로 만드는 세미 하드 치즈로 2~3개월 숙성시킨 프로볼로네 돌체Provolone Dolce와 4개월 이상 숙성시킨 프로볼로네 피칸테Provolone Piccante로 나뉜다. 돌체는 흰색에 가까운 연한 노란색으로 버터처럼 부드럽고 달큰한 맛이 특징이다. 피칸테는 상대적으로 색과 맛 모두 더 진하고 강렬하다.

페코리노 로마노Pecorino Romano는 라치오 주와 사르데냐 주에서 주로 생산하는 치즈로 양젖을 사용하지만 이탈리아 외의 국가에선 우유로 만드는 경우도 있다. 로마 시대부터 만들어 온 치즈로 8~12개월가량 장기 숙성한다. 파르미지아노 레지아노 치즈와 여러 면에서 흡사해 종종 대체품으로 이용된다.

카쵸카발로Caciocavallo는 남부 이탈리아 바실리카타에서 주로 생산하는 치즈다. 기원전 500년 전부터 만들었을 정도로 역사가 오래되었다. 우유 또는 양젖을 사용해 만드는데, 치즈 덩어리를 밧줄로 묶어 매달아 물기를 빼면서 숙성시킨다. 짭짤하고 톡 쏘는 강한 맛이 난다.

17

GRAND·BOWERY STREET FOOD CART

그랜드 · 보워리 스트리트 푸드 카트

주소: Grand St./Bowery St. NY 10013
영업시간: 점심시간, 저녁시간

거리에서 만나는
진짜 집밥

무를 곁들인 돼지 껍데기

여름날엔 종종 사라 루즈벨트 공원에 앉아 축구 경기를 구경하곤
한다. 또한 뉴욕에선 끝내주는 농구 경기를 수도 없이 구경할 수 있
다. 공원이든 어디든, 힙합 음악을 틀어 놓고 농구를 하는 사람들이
워낙 많다. 하지만 공원에 앉아 축구 시합을 구경한다는 건 나에겐
좀 다른 의미다.

어릴 적에 나는 아버지와 삼촌을 따라 축구 경기를 보러 가곤 했
는데 그때마다 너무 느끼하고 맛도 거지 같은 패티에 시들시들한 양
파를 넣은 개떡 같은 햄버거(빵도 더럽게 맛없었다)를 억지로 먹어야만
했다. 하지만 뉴욕에서라면 얘기가 달라진다. 축구를 보러 공원에 간
다는 건 천천히 조리한 환상적인 돼지 껍데기와 촉촉하고 맛있는 무

조림을 먹을 수 있다는 뜻이다.

그랜드 스트리트와 보워리 스트리트가 교차하는 지점 방향으로 쭉 내려가면 이 신성하고 숭고한 음식을 영접할 수 있다. 상냥하고 친절한 노점의 주인장이 기꺼이 메뉴 고르는 걸 도와주는데, 모든 메뉴가 중국어로만 쓰여 있는 걸 생각하면 참 다행스러운 일이다. 여기서 파는 음식은 정말로 전부 다 집에서 만들어 갖고 온 거라 다 팔리면 그대로 영업 종료다. 난 이 노점의 무를 곁들인 돼지 껍데기 요리를 최고로 치지만 가게 주인이 직접 만든 동그란 어묵 볼에 엄지를 척 하고 추켜올리는 손님도 많다. 좋다. 만약 오늘 완전히 갈 데까지 가 보겠다, 먹다가 끝장을 보겠다는 마음이 든다면 어묵 볼이랑 돼지 껍데기, 무까지 전부 달라고 하면 된다. 맛만 좋은 게 아니라 식감도 절묘하다. 훌륭한 음식이다.

무를 곁들인 돼지 껍데기 요리, 자추피루오보파오炸猪皮萝卜煲 만들기

재료: 무, 돼지 껍데기, 파, 생강, 소금, 후추, 액젓, 간장, 식용유

1. 무를 4 등분 해 단무지처럼 얇게 썰고, 돼지 껍데기도 무와 비슷한 크기로 썬다.
2. 무와 돼지 껍데기를 끓는 물에서 가볍게 데친 후 불을 끄고 뜨거운 상태에서 10분가량 놔둔다.
3. 파와 생강을 기름에 넣고 튀겨 향을 낸 후 무와 돼지 껍데기를 넣어 튀긴다.
4. 간장, 액젓, 소금, 후추 등으로 간하고 5분가량 더 익혀 완성한다.

18

CHEE CHEONG FUN FOOD CART

치청펀 푸드 카트

주소: Elisabeth St./Hester St., NY 10013
영업시간: 매일 7:00a.m. – 7:00p.m.

<h1 style="text-align:center">차이나타운에서 만나는
노점상</h1>

치청펀

뉴욕의 거리가 끝도 없이 내리는 눈에 하얗게 덮인 날, 차이나타운 거리를 터벅터벅 걸어가다 방수포로 반쯤 싸인 채 하얀 김을 내뿜고 있는 음식 노점을 발견하면 왠지 안심된다. 터널 끝에서 빛을 본 느낌이랄까.

BBC의 다큐멘터리로 세계 여러 나라의 마이너한 음식을 소재로 하는 프로그램인 'Cooking in the Danger Zone' 시리즈에 나올 법한 이 소박한 음식 노점의 주인장은 항상 기분 좋게 웃으며 푸근하고 맛 좋은 음식을 내놓는 자그마한 체구의 여성이다. 마술을 부리는 것 같다. 나는 그녀를 '아이阿姨'라고 부른다. 중국어로 아줌마라는 뜻이다. 이곳의 치청펀(Chee cheong fun, 豬腸粉)은 대적할 자가 없는데, 싱싱한 차이브와 돼지고기 또는 닭고기, 달걀을 넣은 치청편에 부순 땅콩을 솔솔 뿌리고 달달한 간장 소스를 더하면 아침 식사로 그만이다. 물론 하루 중 언제 먹어도 똑같이 맛있다. 아이는 아침 7시부터 오후 7시까지 이 자리에서 장사한다.

치청편은 중국 남부의 전통 음식으로 딤섬 문화에서 유래한다. 이름을 풀이하면 돼지 내장 모양의 국수라는 뜻인데 치청편의 생김새를 보면 이름 하나는 참 잘 붙였다 싶다. 쉽고 빠르게 만들 수 있는 음식이 대부분 그렇듯 치청편 역시 준비 과정이나 손놀림 등의 미묘한 차이가 맛을 크게 달라지게 만든다. 즉 숙련된 기술이 무척 중요하다는 얘기다. 쌀가루와 타피오카 녹말가루를 4대 1로 섞고, 가루와 동량의 물을 부어 잘 섞으면 기본 준비는 다 된 셈이다. 이제부턴 온전히 만드는 이의 몫. 평평하고 납작한 전용 찜기에 이 묽은 반죽을 붓고 천천히 찌면 놀랄 만큼 얇은 쌀피가 만들어지는데, 얇으면 얇을수록 식감도 맛도 좋다. 쌀피가 거의 다 익었다 싶을 때 속 재료를 넣고 후다닥 접어야 한다. 다 익은 다음에는 쌀피가 서로 달라붙어 버리기 때문이다. 속을 넣은 쌀피를 세 번 둘둘 말아서 그릇에 담아 달짝한 간장 소스를 뿌리면 완성. 아이의 치청편의 식감이 어찌나 좋은지, 이런 건 위대한 장인이나 만들 수 있는 게 아닐까 라는 생각마저 든다. 솔직히 말해 눈 따위 내리지 않아도 이 노점엔 얼마든지 오게 된다.

19

FUNG TU

펑투

주소: 22 Orchard St.(Canal St.와 Hester St. 사이), NY 10002
전화번호: (212)219-8785
영업시간: 화~목요일 6:00p.m. - 11:00p.m. / 금~토요일 6:00p.m. - 자정 / 일요일 6:00p.m. - 10:00p.m.
홈페이지: www.fungtu.com

동서양이
제대로 만났다

화이트 아스파라거스, 피탄, 말린 도우푸루와 부추

　뉴욕 차이나타운의 초입엔 숨겨진 보석 같은 레스토랑이 있다. 펑투
는 차이나타운과 로어 이스트사이드의 경계점에 있는 낡은 건물(한때
국수 공장으로 쓰였다)에 있다. 허름한 옛 동네일 것 같겠지만, 이 세련된
레스토랑의 음식은 맛과 담는 모양 모두 완벽하다는 찬사를 받는다.

　펑투의 인테리어는 퍽 친근한 느낌을 주는데, 어떤 면에선 차찬텡
茶餐厅이 떠오르기도 한다. 왕자웨이의 영화 〈화양연화花樣年華〉에 등장
하는 홍콩의 오래된 찻집 말이다. 실내 장식 곳곳에 셰프의 요리를
돋보이게 하는 차분한 요소들이 가득하다. 조너선 우 셰프는 퍼 세Per
Se 레스토랑에서 오랜 경력을 쌓았다. 섬세하고 연약한 느낌이 담긴
원숙한 조너선의 요리에서 퍼 세의 영향이 느껴진다. 조너선은 놈 와

티 팔러 레스토랑과 파트너십을 맺어 그곳의 춘쥐엔을 펑투 스타일로 변주한 새로운 버전의 음식을 만들었다. 펑투의 요리는 무척 다이나믹하고 모든 면에서 창의적이다. 맛과 스타일 모두 유연하게 진화하고 있다. 화이트 아스파라거스를 다루는 법만 봐도 그런 점을 느낄 수 있는데, 완벽한 알 덴테(al dente, 속이 아삭거릴 정도로만 살짝 익힌 상태)로 조리한 다음 아주 정확히 브뤼누아즈(brunoise, 네모반듯한 주사위 모양으로 채소를 써는 기법)해 음식의 토핑으로 사용한다. 그 효과는 놀랍다.

이 책의 테마는 Must Eat, 즉 반드시 먹어야 할 음식들을 모았다는 것이지만 펑투에서 그런 말을 꺼내는 건 좀 실례가 될지도 모르겠다. 이곳의 메뉴판은 미국식 중국 요리에 대한 셰프의 비전이 담긴 초대장이다. 요리 목록만 읽어 봐도 한 중국계 미국인의 깊고 개인적인 인생 이야기가 들리는 것 같다. 펑투에선 디테일과 정확성이 무엇보다 중요한데, 고심 끝에 고르고 고른 깐깐한 와인과 음료 리스트만 봐도 느껴진다. 음식은 하나같이 무척 매혹적이며 완벽하게 균형 잡힌 맛이다. 동서양이 이제야 제대로 만났다. 성숙한, 그리고 신뢰할 수 있는 방식으로 말이다.

BLACK SEED BAGELS

블랙 시드 베이글스

주소: 170 Elisabeth St.(Kenmare St.와 Spring St. 사이), NY 10012
전화번호: (212)730-1950
영업시간: 월~금요일 7.00a.m. - 3:00p.m. / 토~일요일 7.00a.m. - 6:00p.m.
홈페이지: www.blackseedbagels.com

베이글에 대한 생각을 바꿔 놓을
바로 그 베이글

포피 시드 베이글

베이글은 자유의 여신상과 통하는 면이 있다. 뉴욕과 떼어 놓고 생각할 수 없다는 점에서 말이다. 블랙 시드 베이글스가 위치한 엘리자베스 스트리트는 1700년대에 형성된 곳인데, 베이글의 역사는 이 거리보다도 더 오래되었다.

베이글이라는 단어는 1610년, 폴란드 크라쿠프의 시 조례 문헌에 처음으로 등장했다. 당시 크라쿠프에선 출산을 한 여성에게 축하 선물로 베이글을 증정했다고 한다. 흥미로운 얘기다. 17세기에 들어서면서 베이글의 인기는 점점 높아져 폴란드인의 식탁에 매일같이 오르게 되었다. 생김새 때문인지 반지나 팔찌를 뜻하는 버이겔beugal 또는 부겔bügel이라는 단어에서 베이글이라는 이름이 유래되었다는 설이 있는데 왠지 그럴듯하다. 이후 폴란드계 유대인들이 대거 미국 이민을 오면서 베이글을 들여왔는데, 미국에서도 금세 인기를 얻어 아주 제대로 정착하게 되었다. 20세기 초반에는 전설적인 베이글 제빵사들의 연합인 'Bagel Bakers Local 338'이 조직되었다. 그들은 베이글의 크기와 재료, 만드는 방식 등을 모두 정형화시켰고 핸드메이드 베이글 장인들이 자부심을 느끼며 일할 수 있도록 도왔다. 결과는 대성공이었다. 베이글의 인기는 나날이 높아졌고, 1960년에는 베이글 자동 생산 기계가 발명되어 냉동 베이글이 미국 전역을 휩쓸기 시작했다. 그야말로 국가적인 열풍이었다.

냉동 제품이라니, 그럼 이제 장인정신이 담긴 진짜 베이글의 시대는 끝나는 걸까 걱정되지만 다행히 많은 제빵사가 전통을 계승하기 위해 노력하고 있다. 블랙 시드 베이글스도 그런 곳이다. 이곳의 베이글은 완전히 처음부터 끝까지, 일일이 직접 만든다. 대기 줄에 끼어 순서를 기다리는 것만으로도 신기한 장관을 구경하게 되는 셈이다. 오너와 직원들 모두 놀랄 만큼 의욕이 넘친다. 기절할 정도로 손님이 많은 날에도 동요하지 않고 집중력을 최대한 발휘하는데, 헌신적으로 베이글을 만드는 그 모든 과정이 눈앞에 펼쳐진다. 유기농 밀가루와 소금, 물, 그리고 이스트가 어느새 묵직한 반죽으로 변한다. 반죽을 밀어 길게 뽑은 다음 우리가 익히 아는 구멍 난 반지 모양의 전형적인 베이글 형태로 만들어 섭씨 5~10도에서 12시간 동안 숙성시킨 후 끓는 물에 넣어 익힌다. 물에서 꺼내 한번 식힌 다음엔 나무로 때

는 오븐에서 굽는데, 이때 온도는 섭씨 약 200~300도 사이여야 한다. 한마디로, 복잡하다. 하지만 이런 전통적인 방법을 통해서만 겉은 아름답게 반짝이고 속살은 제대로인 베이글을 얻을 수 있다.

그렇게 특별한 베이글이 탄생했으니 이제 각자 원하는 내용물을 골라 넣기만 하면 된다. 잘 어울리는 재료들을 채운 베이글은 그 자체로 완벽한 음식이다. 축제 같은 맛이랄까. 지금 컴퓨터 앞에 앉아 베이글이라는 단어를 타이핑하고 있자니 어디선가 저항할 수 없는 신선한 베이글 향기가 풍겨오는 것 같다. 엘리자베스 스트리트 한구석의 조용한 벤치에 앉아 비트 절임과 연어, 가게에서 직접 만든 크림치즈, 싱싱한 래디시와 허브를 넣은 이 완벽한 베이글을 지긋이 바라보다 맡던 그 향기다. 더 바랄 것이 없다.

베이글의 놀라운 인기를 알 수 있는 재미있는 일화가 있다. 2008년, 나사 소속 우주인 그레고리 차미토프Gregory Chamitoff가 스페이스 셔틀에 18개의 참깨 베이글을 싣고서 우주로 날아가 국제 우주 정거장에서 고생 중인 동료 우주인들에게 선물했단다. 블랙 시드 베이글스는 당신이 가지고 있던 베이글에 대한 가치관을 영원히 바꿔놓을 것이다.

CHIKALICIOUS DESSERT BAR

치카리셔스 디저트 바

주소: 203 E. 10th St.(1st Ave.와 2nd Ave. 사이), NY 10009
전화번호: (212)475-0929
영업시간: 목~일요일 3:00p.m. - 10:45p.m
홈페이지: www.chikalicious.com

참을 수 없는
디저트의 가벼움

프로마쥬 블랑 아일랜드 치즈케이크

뉴욕에서 구하지 못할 음식은 기의 없지만, 디저트만 전문적으로 내놓는 레스토랑은 흔치 않다. 자, 여기 두 곳의 홀륭한 디저트 레스토랑을 만나 보자.

두 가게는 아주 가깝게 붙어 있는데, 길 요쪽의 치카리셔스 디저트 바에선 간단한 테이스팅 메뉴 코스 형식의 디저트를 내놓는다. 말하자면 좀 복잡하고 정교한 디저트다. 그리고 건너편의 치카리셔스 디저트 클럽에선, 물론 같은 셰프가 만든 것이지만 좀 더 일반적인 디저트, 즉 빵집에서 만날 수 있을 법한 것들 위주로 판매한다. 먹고 갈 수 있는 공간도 자그마하게 마련되어 있다.

치카 틸먼 셰프는 남편과 함께 세계 곳곳을 여행하면서 여행지의 맛있는 음식을 먹는 것이 근사한 추억 쌓기임을 느꼈다. 두 사람은 그 마음 그대로 뉴욕으로 돌아와 치카리셔스를 오픈했다.

치카 틸먼은 일본 출신인데, 집중력이 얼마나 좋은지 최고의 경지에 오른 초밥 장인을 보는 것 같다. 치카는 이 자그마한 골목 귀퉁이 가게를 찾은 손님들을 위해 항상 흔들림 없이 디저트를 만든다. 이 잘 정돈된 청결한 오픈 키친에는 좌석이 많지 않아, 운 좋은 스무 명의 손님만 앉을 수 있다. 치카는 항상 혁신적인 디저트를 만드는데, 그녀의 모토는 밀란 쿤데라 식으로 하자면 '참을 수 없는 디저트의 가벼움'이라나. 일전엔 도미니크 앙셀 베이커리의 명물인 크로넛을 꼼꼼히 재현한 도우상doughssant이란 제품을 만들었는데, 뉴욕 사람들 사이에서 어느 것이 더 맛있냐는 논쟁이 벌어졌을 정도다.

뉴욕 하면 치즈케이크, 치즈케이크 하면 뉴욕이다. 치즈케이크는 이미 기원전 776년경 그리스의 올림픽 운동선수들에게 바쳐졌다는 기록이 있을 정도로 무척 오래된 음식이다. 로마 정치가 마르쿠스 카토Marcus Cato는 기원전 1세기경 최초의 치즈케이크 레시피를 남기기도 했다. 하지만 1872년에 최초의 크림치즈가 개발되기 전까지는, 그리고 1928년 제임스 크래프트James Kraft가 그걸 더욱 발전시켜 성공적으로 대량생산하기 전까지는 치즈케이크는 지금처럼 전 세계적으로 널리 알려지진 못했다. 치카는 일본인의 관점에서 치즈케이크를 면밀히 관찰했고, 그 결과 깃털처럼 부드럽고 가벼우면서도 고유의 풍미를 전혀 잃지 않은 프로마쥬 블랑 아일랜드 치즈케이크Fromage

blanc island cheesecake을 만들어 냈다. 치즈케이크의 새로운 버전이다. 다른 메뉴들도 역시 훌륭한데, 완벽한 농도의 레몬그라스 파나코타에 바질과 망고, 바질 씨앗으로 만든 소르베를 곁들인 것도 좋고 생강 쇼트브레드와 코코넛 마시멜로도 궁합이 좋다. 초콜릿 중독자들에겐 더블 초콜릿 사블레 쿠키 위에 초콜릿 푸딩을 올린 메뉴를 추천한다. 그야말로 진한, 어른의 맛이다. 치카리셔스 디저트 바는 제대로 된 디저트를 만드는, 소중히 간직해야 할 사랑스러운 곳이다. 일단 한 번 가면 또다시 찾게 될 것이다.

치카리셔스 한국 매장

치카리셔스는 도쿄와 홍콩에 이어 2013년 초, 한국 매장을 오픈했다. 뉴욕 본점의 다양한 디저트 중 컵케이크를 전문으로 제작 및 판매한다.
주소: 마포구 상수동 313-3 NJ빌딩 101호.
전화번호: 02-324-8412
홈페이지: http://blog.naver.com/chikalicious

The High Line

W 19TH STREET
W 18TH STREET
W 17TH STREET

13

28 ST Ⓜ

Madison Square Park

W 12TH STREET
W 14TH STREET
Ⓜ 14 ST
Ⓜ 8 AV

18 ST Ⓜ

W 23RD STREET

W 20TH STREET
W 17TH STREET
W 16TH STREET

23 ST Ⓜ

E 26TH STREET

23 ST Ⓜ

E 22ND STREET
E 21ST STREET

Gramercy Park

14 ST Ⓜ   14 ST

7TH AVENUE
8TH AVENUE

W 12TH STREET
BANK STREET
W 11TH STREET
PERRY STREET

W 14TH STREET
W 13TH STREET
W 12TH STREET
W 11TH STREET

E 19TH STREET
E 18TH STREET

Union Square Park

E 17TH STREET
E 16TH STREET

Stuyvesant Square

CHARLES STREET
W 10TH STREET
CRISTOPHER STREET

35

14 ST - UNION SQ Ⓜ

E 14TH STREET
Ⓜ 3 AV

Ⓜ CHIST. ST - SHERIDAN SQ

W 9TH STREET
E 10TH STREET

E 15TH STREET

37

W 4 ST Ⓜ

WAVERLY PLACE

E 12TH STREET

1 AV Ⓜ

BEDFORD STREET
HUDSON STREET

Washington Square Park
W 4TH STREET
W 3RD STREET

Ⓜ 8 ST - NYU
ASTOR PL Ⓜ

28   21

12   33   27

E 11TH STREET
E 10TH STREET

11

CLARKSON STREET

HOUSTON ST Ⓜ KING STREET
CHARLTON STREET
VANDAM STREET
SPRING STREET

SULLIVAN STREET
BLEECKER STREET
W HOUSTON STREET
PRINCE STREET

ST MARKS PLACE
E 9TH STREET

22

E 5TH STREET

26   10

Tompkins Square Park

WEST STREET

BLEECKER ST Ⓜ

36

BROADWAY - LAFAYETTE ST Ⓜ

24

23

E 7TH STREET

WATTS STREET
WESTRY STREET

CANAL STREET

PRINCE ST Ⓜ

SPRING STREET

34

2 AV Ⓜ

25

4   9

1

E 3RD STREET

CANAL ST Ⓜ
GRANT STREET

SPRING ST Ⓜ
KENMARE STREET
BROOME STREET

31

20

BOWERY

32   8

E HOUSTON STREET

CANAL ST Ⓜ

16

N MOORE STREET
FRANKLIN STREET

CANAL STREET

17   Ⓜ BOWERY
GRAND ST Ⓜ

30

RIVINGTON STREET

Ⓜ FRANKLIN ST

Ⓜ CANAL ST

18

DELANCY STREET

DELANCEY ST Ⓜ

WILLIAMSBURG BRIDGE

Washington Market Park

Sara D Roosevelt Park

ESSEX ST Ⓜ

2

DELANCY STREET
BROOME STREET

THOMAS STREET

15

3

19

GRAND STREET

CHAMBERS ST Ⓜ

14

5   6

MURRAY STREET
WARREN STREET

Columbus Park

CANAL STREET

CITY HALL Ⓜ
PARK PL Ⓜ

City Hall Park

29

WORTH STREET

E BROADWAY

EAST BROADWAY Ⓜ

Ⓜ CHAMBERS ST

E BROADWAY

MADISON STREET

World Trade Memorial

Ⓜ WORLD TRADE CENTER

MADISON STREET

Ⓜ CORTLANDT ST
FULTON Ⓜ

ST JAMES PLACE

FDR DRIVE

N

0   500 m

그 외의 추천 장소 - 다운타운 이스트

㉒ NARCISSA 나르시사
주소: 21 Cooper Square, NY 10003
전화번호: (212)228-3344
홈페이지: www.narcissarestaurant.com
추천 메뉴: 캐럿 웰링턴

㉓ CHERCHE MIDI 셰르셰 미디
주소: 282 Bowery, NY 10012
전화번호: (212)226-3055
홈페이지: www.cherchemidiny.com
추천 메뉴: 로브스터 라비올리

㉔ ESTELA 에스텔라
주소: 47 E. Houston St., NY 10012
전화번호: (212)219-7693
홈페이지: www.estelanyc.com
추천 메뉴: 뇨끼

㉕ GOLDEN CADILLAC 골든 캐딜락
주소: 13 1st Ave.(1 St. 코너에 위치), NY 10003
전화번호: (212)995-5151
추천 메뉴: 몬테크리스토 샌드위치와 테킬라 칵테일

㉖ SUSHI DOJO 스시 도조
주소: 110 1st Ave.(7th Street), NY 10009
전화번호: (646)692-9398
추천 메뉴: 생 문어 초밥

㉗ MOMOFUKU NOODLE BAR 모모후쿠 누들 바
주소: 163 1st Ave.(10th St.와 11th St. 사이), NY 10003
전화번호: (212)475-7899
홈페이지: www.momofuku.com/new-york/noodle-bar
추천 메뉴: 포크 밸리 번

㉘ CHA AN TEA HOUSE 차 안 티 하우스
주소: 230 E. 9th St.(2d Ave.와 3d Ave. 사이), NY 10003
전화번호: (212)228-8030
홈페이지: www.chaanteahouse.com
추천 메뉴: 찻잎으로 훈제한 연어

㉙ GOLDEN UNICORN 골든 유니콘
주소: 18 E. Broadway(Catherine St.와 Market St. 사이), NY 10002
전화번호: (212)941-0911
홈페이지: www.goldenunicornrestaurant.com
추천 메뉴: 시우마이

㉚ YUNNAN KITCHEN 윈난 키친
주소: 79 Clinton St., NY 10002
전화번호: (212)253-2527
추천 메뉴: 커민 치킨

㉛ LOMBARDI PIZZA 롬바르디 피자
주소: 32 Spring St.(Mott St.와 Mulberry St. 사이), NY 10012
전화번호: (212)941-7994
홈페이지: www.firstpizza.com
추천 메뉴: 마르게리타 피자

㉜ MISSION CANTINA 미션 칸티나
주소: 172 Orchard St.(Stanton Street), NY 10002
전화번호: (212)254-2233
추천 메뉴: 돼지 불살, 돼지 귀, 돼지 어깨살 요리

㉝ GRAFFITI 그래피티
주소: 224 E. 10th Ave.(1st Ave.와 2d Ave. 사이), NY 10003
전화번호: (212)677-0695
홈페이지: www.graffitinyc.com
추천 메뉴: 요거트 소스를 곁들인 구운 홍어

㉞ TORRISI 토리시
주소: 250 Mulberry St.(Prince St.와 Spring St. 사이), NY 10012
전화번호: (212)965-0955
홈페이지: www.torrisinyc.com
추천 메뉴: 20 코스 테이스팅 메뉴

㉟ GOTHAM BAR & GRILL 고담 바 앤 그릴
주소: 12 E. 12th St.(5th Ave.와 University Place 사이), NY 10003
전화번호: (212)620-4020
홈페이지: www.gothambarandgrill.com
추천 메뉴: 니만 목장의 돼지고기 폭찹41

㊱ MILE END DELI 마일 엔드 델리
주소: 53 Bond St., NY 10012
전화번호: (212)529-2990
홈페이지: www.mileenddeli.com
추천 메뉴: 루스 윌렌스키 샌드위치

㊲ SHOOLBRED'S 슐부리즈
주소: 197 2nd Ave., NY 10003
전화번호: (212) 529-0340
홈페이지: www.shoolbreds.com
추천 메뉴: 양고기 미니 버거

인명 색인

요리명·요리 재료 색인